원큐패스 QPASS

굴착기 운전기능사 필기

빈출문제 10회

다락원아카데미 편

다락원

머리말

최근 건설 및 토목 등의 분야에서 각종 건설기계가 다양하게 사용되고 있습니다. 건설 산업현장에서 건설기계는 효율성이 매우 높기 때문에 국가산업 발전뿐만 아니라, 각종 해외 공사에까지 중요한 역할을 수행하고 있습니다. 이에 따라 건설 산업현장에는 건설기계 조종인력이 많이 필요하고 건설기계 조종 면허에 대한 효용가치도 높아졌습니다.

이 책은 '굴착기 운전기능사 필기시험'을 준비하는 수험생들이 짧은 시간에 필기시험에 합격할 수 있게 CBT 형식 모의고사로 구성하였습니다.

1. 기출에서 반복된다!
지난 10년간의 기출문제를 분석하여 출제빈도가 높은 문제만을 모아 10회의 모의고사로 구성하였습니다.

2. CBT시험에 강하다!
실제 CBT시험 화면과 유사하게 모의고사 지면을 편집하여, 수험자들의 불편함을 최소화하였습니다.

3. Top Secret 빈출100제!
기출문제 중에서도 반복적으로 가장 많이 출제되는 100문제를 정리해서 수험자들이 시험 직전에 활용할 수 있게 하였습니다.

4. 자주 나오는 안전표지문제 모아보기!
새롭게 출제되고 있는 안전표지 문제만을 모아 수험자들의 합격에 도움이 되게 하였습니다.

수험생 여러분들의 앞날에 합격의 기쁨과 발전이 있기를 기원하며, 이 책의 부족한 점은 여러분들의 조언으로 계속 수정, 보완할 것을 약속드립니다.

이 책에 대한 문의사항은
원큐패스 카페(**http://cafe.naver.com/1qpass**)로 하시면 친절히 대답해 드립니다.

시험안내

자격종목

굴착기운전기능사

응시방법

한국산업인력공단 홈페이지
회원가입 → 원서접수 신청 → 자격선택 → 종목선택 → 응시유형
→ 추가입력 → 장소선택 → 결제하기

시험일정

상시시험
*자세한 일정은 Q-net(www.q-net.or.kr)에서 확인

검정방법

객관식 4지 택일형, 60문항

시험시간

1시간(60분)

시험과목

굴착기 조종, 점검 및 안전관리

합격기준

100점 만점에 60점 이상

출제기준

점검
1. 운전 전·후 점검
2. 장비 시운전
3. 작업상황 파악

주행 및 작업
1. 주행
2. 작업
3. 전·후진 주행장치

구조 및 기능
1. 일반사항
2. 작업장치
3. 작업용 연결장치
4. 상부회전체
5. 하부회전체

안전관리
1. 안전보호구 착용 및 안전장치 확인
2. 위험요소 확인
3. 안전운반 작업
4. 장비 안전관리
5. 가스 및 전기 안전관리

건설기계관리법 및 도로교통법
1. 건설기계관리법
2. 도로교통법

장비구조
1. 엔진구조
2. 전기장치
3. 유압일반

이 책의 구성

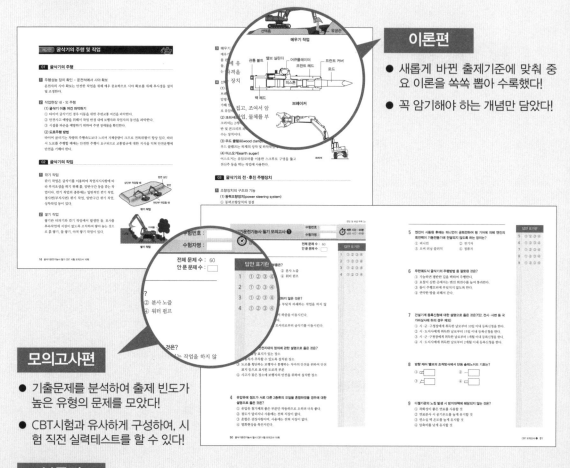

이론편

● 새롭게 바뀐 출제기준에 맞춰 중요 이론을 쏙쏙 뽑아 수록했다!

● 꼭 암기해야 하는 개념만 담았다!

모의고사편

● 기출문제를 분석하여 출제 빈도가 높은 유형의 문제를 모았다!

● CBT시험과 유사하게 구성하여, 시험 직전 실력테스트를 할 수 있다!

부록편

정답 및 해설
본 책의 모의고사 문제를 푼 후 정답과 해설을 확인하여 자신의 실력을 체크할 수 있다!

빈출 100제
자주 출제되는 기출문제 100제를 엄선했다!

안전표지문제
새롭게 출제되고 있는 안전표지, 도로명표지문제를 모았다!

이 책의
활용법

STEP 1

기본 개념 다지기

핵심 이론을 정독하여 꼭 암기해야 하는
개념을 정리한다.

STEP 2

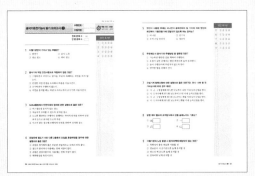

기출문제로
실제 시험 유형 익히기

지난 10년간의 기출문제를 정리한 모의
고사를 반복해서 풀어 본다.

STEP 3

빈출 100제 암기하기

시험 직전까지 문제와 정답만 빠르게 외
워 합격 점수 60점을 달성한다.

STEP 4

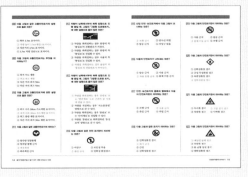

안전표지문제 정리하기

신유형이지만 비교적 쉬운 그림 문제를
한눈에 정리할 수 있어 합격률을 높인다.

차례

[이론편]

[모의고사편]

[특별부록]

이론편

01 굴착기 운전 전·후 점검

1 작업환경 점검 – 굴착기로 작업할 때 주의사항
① 안전교육 실시 및 작업계획을 수립할 것
② 작업장 주변상태 및 신호수와 배치상태를 확인할 것
③ 개인안전 보호구와 안전사고 관련사항을 숙지할 것
④ 굴착기 정상작동 여부를 점검할 것
⑤ 안전장치의 이상여부를 확인할 것

2 오일·냉각수 점검

(1) 엔진오일량 점검
① 굴착기를 평탄한 곳에 주기시킨 후 엔진의 가동을 정지시키고 15분 정도 기다린다.
② 엔진 덮개 고리를 풀고 덮개를 들어 올린다.
③ 유면표시기(oil level gauge)를 빼내서 깨끗한 걸레로 묻은 오일을 깨끗이 닦아낸 후 다시 끼워 넣는다.
④ 유면표시기를 다시 빼내어 오일량을 점검한다. 오일량은 유면표시기의 "FULL" 표시와 "ADD" 표시 사이에서 유지되어야 한다.

유면표시기

(2) 유압유의 양 점검
① 유압유가 뜨거운 상태에서 유압유 탱크의 보충플러그를 열어서는 안 된다. 그 상태에서 보충플러그를 열면 공기가 유압장치 내로 혼입되어 유압펌프 손상의 원인이 될 수 있다.
② 굴착기를 평탄한 지면에 주차시킨 다음 버킷을 지면에 내리고 암(디퍼스틱)을 수직으로 위치시킨다.
③ 굴착기가 정상작동온도에 도달하기 전에는 유압유 탱크의 오일량을 저온범위에서, 정상작동온도에 도달하면 유압유 탱크의 오일량을 고온범위에서 유지시킨다.

(3) 냉각수 점검
① 엔진의 가동을 정지시킨다.
② 냉각수의 양을 점검할 때에는 라디에이터 캡을 손으로 만질 수 있을 만큼 충분히 냉각시킨다.
③ 냉각계통을 점검하기 전에 "운전하지 마시오." 또는 "위험점검 중"이라는 경고표시를 시동스위치 또는 조종레버에 붙여서 점검하고 있는 것을 알려야 한다.

④ 냉각수가 정상이면 색깔은 파랗게 보인다. 너무 오래 사용하여 색깔이 변하고 탁하게 보이면 엔진오일을 교체하듯이 냉각수도 교체한다.

3 구동계통 점검

(1) 타이어 점검
① 트레드의 부분적인 균열 및 트레드 블록현상을 점검한다.
② 트레드의 부분적인 과다마모, 파손 및 공기압을 점검한다.
③ 트레드 원둘레 방향의 균열 및 타이어 숄더와 중앙부분을 점검한다.

(2) 트랙의 장력 점검
① 트랙의 장력을 점검하기 위해 굴착기를 한쪽으로 기울이는 경우에는 굴착기를 안전지지대로 받치고 점검한다.
② 트랙은 링크·핀·부싱 및 슈 등으로 구성되어 있고 프런트 아이들러, 상·하부롤러, 스프로킷에 감겨져 있으며 스프로킷에서 동력을 받아 구동된다.

(3) 트랙의 유격 점검
① 트랙의 유격은 상부롤러와 프런트 아이들러 사이의 트랙 위에 곧은 자를 설치하고 처짐을 측정하며, 건설기계의 종류에 따라 다소 차이는 있으나 일반적으로 25~40mm 정도이다.
② 유격이 규정 값보다 크면 트랙이 벗겨지기 쉽고 각종 롤러 및 트랙링크의 마멸이 촉진된다.
③ 유격이 규정 값보다 적으면 암석지대에서 작업을 할 때 트랙이 절단되기 쉬우며 각종 롤러, 트랙 구성부품의 마멸이 촉진된다.

(4) 트랙의 유격조정 방법
트랙의 유격을 조정하는 방법에는 2가지가 있는데, 2가지 모두 프런트 아이들러를 전진 및 후진시켜서 조정한다.
① 조정너트를 렌치로 돌려서 조정한다.(구형)
② 프런트 아이들러 요크 축에 설치된 그리스 실린더에 그리스(GAA)를 주입하거나 배출시켜 조정한다. 그리스를 실린더에 주입하면 트랙 유격이 적어지고, 그리스를 배출시키면 유격이 커진다.

(5) 트랙 장력(유격)을 조정할 때 유의사항
① 건설기계를 전진하다가 평지에 주기시킨다.
② 건설기계를 정지할 때 브레이크가 있는 경우에는 브레이크를 사용해서는 안 된다.
③ 2~3회 반복 조정하여 양쪽 트랙의 유격을 똑같이 조정하여야 한다.
④ 한쪽 트랙을 들고서 늘어지는 것을 점검한다.
⑤ 트랙의 유격은 25~40mm 정도이다.

(6) 트랙을 분리하여야 하는 경우

① 트랙이 벗겨졌을 때

② 트랙을 교환하고자 할 때

③ 핀, 부싱 등을 교환하고자 할 때

④ 프런트 아이들러 및 스프로킷을 교환하고자 할 때

(7) 트랙이 벗겨지는 원인

① 트랙의 유격(긴도)이 너무 클 때

② 트랙의 정렬이 불량할 때(프런트 아이들러와 스프로킷의 중심이 일치되지 않았을 때)

③ 고속주행 중 급선회를 하였을 때

④ 프런트 아이들러, 상·하부롤러 및 스프로킷의 마멸이 클 때

⑤ 리코일 스프링의 장력이 부족할 때

⑥ 경사지에서 작업할 때

02 굴착기의 시운전

1 엔진 시운전

(1) 계기판 확인

① 각종 조작레버가 중립에 있는지를 확인한다.

② 시동스위치를 키 박스에 꽂고 ON 위치로 돌려 아래의 사항을 점검한다.

- 부저가 약 2초간 울리고, 모든 경고등이 점등하는지 확인한다.
- 경고등 점검이 끝나면 약 5초 동안 클러스터 프로그램 버전이 「LCD(3)」에 표시된 후 엔진 회전속도(rpm) 표시기능으로 되돌아간다.
- 약 2초 후에는 다른 경고등은 소등되고 엔진오일 압력경고등과 충전경고등만 점멸된다.

(2) 엔진의 시동 후 난기운전(warming-up)하기

굴착기의 적정 유압유 온도는 50℃ 정도이다. 유압유 온도가 25℃ 이하일 때 급격한 조작을 하면 유압장치 기능에 중대한 고장이 발생할 수 있다. 작업을 하기 전에 유압유를 25℃ 이상이 되게 난기운전을 실시한다.

① 엔진을 저속으로 5분 정도 공회전시킨다.

② 엔진 회전속도를 증가시켜 중속 회전으로 한다.

③ 버킷레버를 5분 정도 작동한다. 이때 버킷레버 이외에는 조작하지 않는다.

④ 엔진 회전속도를 최대로 하고 버킷레버 및 암 레버를 5~10분 정도 작동한다.

⑤ 전체 실린더를 수차례 천천히 왕복시키고, 선회 및 주행조작을 가볍게 하면 난기운전이 완료된다. 겨울철에는 난기운전 시간을 연장한다.

2 구동부 시운전

(1) 무한궤도형 굴착기의 주행 자세

주행모터를 뒤쪽에 두고, 작업 장치는 앞쪽으로 한 상태로 주행한다. 하부주행장치와 상부회전체가 180˚ 선회한 상태에서는 주행방향이 반대가 되므로 주의한다.

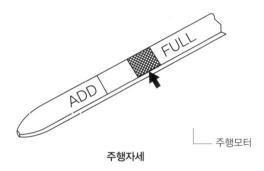

주행자세

주행모터

(2) 경사지 주행방법

① 주행모터의 위치를 확인하여 주행레버의 조작방향이 틀리지 않도록 한다.
② 버킷을 지면에서 20~30cm 정도 들고 주행하며 긴급할 때 브레이크 역할을 할 수 있도록 한다.
③ 굴착기가 미끄러지거나 불안할 때는 즉시 버킷을 지면에 내려서 안전대책을 취한다.
④ 경사지에서는 잠시 주·정차할 때에도 버킷을 지면에 내리고, 고임목을 받쳐준다.

03 굴착기의 작업상황 파악

1 굴착기의 작업공정 파악

(1) 작업공정

작업에서 수행해야 할 전반적인 절차와 작업물량, 작업일정, 작업내용, 작업종류, 작업지시사항, 연계작업 등을 포함한다.

(2) 작업공정 계획표

건설공사를 하는 경우, 목적하는 건설물을 소정의 공기 내에 완성하기 위해 공사의 진행 과정을 관리하는 것이 필요하며 이를 공정관리라고 한다. 이때 공정관리의 근거가 되는 문서가 작업공정계획표이다.

(3) 작업현장의 지형·지반의 특성 파악하기

① 지형, 지표, 지하수, 용수(用水), 식생(植生) 등의 특성을 작업 전에 확인한다.
② 주변에서 미리 깎기 작업을 한 경사면을 확인한다.
③ 경사면, 법면의 경사도, 기울기 등을 고려하여 붕괴재해에 대비한다.
④ 경사면의 상호작업 상황을 파악한다.

2 굴착기의 작업간섭사항 파악 - 지하매설물 안전대책

(1) 가스관 안전대책

① 굴착공사 착공 전에 관계기관의 협조를 받아 가스관 탐지기 등을 이용하여 가스관의 매설 위치를 확인한다.

② 가스관의 매설 위치를 표시한다.

③ 천공은 가스관 외면으로부터 1m 이상의 수평거리를 유지한다.

④ 노출된 가스관의 길이가 15m 이상이 되는 배관으로 매달기 방호조치가 되어 있는 경우에는 진동방지 기능을 목적으로 15m 이내의 간격으로 가로방향 방진조치를 한다.

⑤ 노출된 가스관 주위에는 가스가 누출될 때 이를 감지하기 위한 자동 가스감지 및 경보장치 등을 설치하고 측정담당자를 지정하여 상시 점검하도록 한다.

⑥ 가스관 관리대장의 비치 및 관리자를 임명한다.

(2) 상수도관 안전대책

① 굴착공사 착공 전에 관계기관의 협조를 받아 공사구간 내에 매설된 상수도 도면 검토 후 탐지기를 사용하여 관로의 정확한 위치를 확인한다.

② 굴착공사 착공 전에 공사예정 구간 내의 지하매설 상수도관 현황도를 작성·비치한다.

③ 노출된 상수도관 및 굴착지점에 인접한 상수도관 중 해당지역 동결심도 미달로 인한 동결, 동파가 우려되는 상수도 시설물은 보온 조치를 한다.

④ 노출된 관은 보온재로 덮고 표면을 비닐 테이프 등으로 감아서 외부에서 물이 침입하지 않도록 한다.

(3) 하수도관 안전대책

① 기존 하수도관을 절단한 상태로 장기간 방치해서는 안 되며 대체시설은 우기를 감안하여 기존 하수도관 이상의 크기로 설치하여야 한다.

② 하수도관에 근접하여 굴착할 때에는 기존 하수도의 노후상태를 조사하여 적합한 보호대책을 강구하고 지반이완으로 하수도 연결부분에 틈이 생기는 일이 없도록 하여야 한다.

③ 굴착토사가 빗물받이에 유입되지 않도록 한다.

④ 공사용수를 하수도에 배수를 할 때에는 미리 토사를 침전시켜 토사가 하수도에 유입되지 않도록 한다.

(4) 전력 및 전기통신시설 안전대책

① 공사의 계획단계 등 착공 전에 전력 및 전기통신 설비의 위치와 규모에 대해서 관계기관에 조회하고 실태파악을 한다.

② 브레이커에 의한 케이블 또는 관로의 파손방지를 위하여 케이블 매설장소 부근은 표면층을 제외하고는 인력굴착을 하고 공사착수 전에 시험굴착을 하도록 한다.

③ 굴착기로 굴착 중 굴착 깊이가 케이블 또는 관로의 토피보다 얕을 경우에도 버킷의 날 부분으로 관로가 손상될 우려가 있으므로 표지를 설치하거나 인력으로 굴착한다.

3 굴착기의 작업관계자간 의사소통 – 수신호

① 굴착기 작업현장 신호방법은 고용노동부 고시 "건설기계 표준 신호지침"에 의한다.

② 굴착기의 운전신호는 작업장의 책임자가 지명한 사람이 한다.

③ 신호수는 조종사와 긴밀한 연락을 취한다.

④ 신호수는 1인으로 하여 수신호, 호루라기 등을 정확하게 사용한다.

⑤ 신호수의 부근에서 혼동되기 쉬운 경음기, 음성, 동작 등을 해서는 안 된다.

⑥ 신호수는 조종사의 중간 시야가 차단되지 않는 위치에 있어야 한다.

⑦ 신호수와 조종사 사이의 신호방법을 숙지한다.

⑧ 신호수는 굴착기의 성능, 작동 등을 충분히 이해하고 비상사태에서 응급처치가 가능하도록 항시 현장상황을 확인한다.

01 굴착기의 주행

1 주행성능 장치 확인 – 운전석에서 시야 확보

운전자의 시야 확보는 안전한 작업을 위해 매우 중요하므로 시야 확보를 위해 후사경을 설치 및 조정한다.

2 작업현장 내·외 주행

(1) 굴착기 이동 여건 파악하기

① 타이어 굴착기인 경우 이동을 위한 주변교통 여건을 파악한다.

② 안전사고 예방을 위해서 작업 반경 내에 보행자와 작업자의 동선을 파악한다.

③ 시설물 파손을 예방하기 위하여 주변 장애물을 확인한다.

(2) 도로주행 방법

타이어 굴착기는 차량의 주행속도보다 느리며 자체중량이 크므로 전복위험이 항상 있다. 따라서 도로를 주행할 때에는 안전한 주행이 요구되므로 교통법규에 대한 지식을 익혀 안전운행에 만전을 기해야 한다.

02 굴착기의 작업

1 깎기 작업

깎기 작업은 굴착기를 이용하여 작업지시사항에 따라 부지조성을 하기 위해 흙, 암반구간 등을 깎는 작업이다. 깎기 작업의 종류에는 일반적인 깎기 작업, 경사면(부지사면) 깎기 작업, 암반구간 깎기 작업, 상차작업 등이 있다.

깎기 작업

2 쌓기 작업

쌓기란 터파기와 깎기 작업에서 발생한 돌, 토사를 후속작업에 지장이 없도록 조치하여 쌓아 놓는 것으로 흙 쌓기, 돌 쌓기, 야적 쌓기 작업이 있다.

쌓기 작업

3 메우기 작업

메우기란 부지, 관로, 조경 시설물, 도로를 완성시키기 위해 굴착기를 이용하여 돌, 흙, 골재, 모래 등으로 빈공간을 채우는 작업이다.

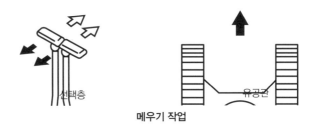

메우기 작업

4 선택장치 연결

(1) 브레이커(breaker)

브레이커는 정(chisel)의 머리 부분에 유압방식 왕복 해머로 연속적으로 타격을 가해 암석, 콘크리트 등을 파쇄하는 장치로 유압해머라 부르기도 한다.

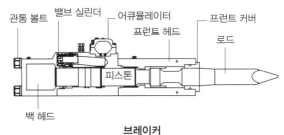

브레이커

(2) 크러셔(crusher)

크러셔는 2개의 집게로 작업 대상물을 집고, 조여서 암반 및 콘크리트 파쇄 작업과 철근 절단 작업, 물체를 부수는 장치이다.

(3) 우드 클램프(wood clamp)

우드 클램프는 목재의 상차 및 하차작업에 사용한다.

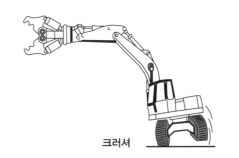

크러셔

(4) 어스 오거(earth auger)

어스 오거는 유압모터를 이용한 스크루로 구멍을 뚫고 전신주 등을 박는 작업에 사용한다.

---

03 굴착기의 전·후진 주행장치

1 조향장치의 구조와 기능

(1) 동력조향장치(power steering system)

① 동력조향장치의 장점
- 조향기어 비율을 조작력에 관계없이 선정할 수 있다.
- 굴곡 노면에서의 충격을 흡수하여 조향 핸들에 전달되는 것을 방지한다.
- 작은 조작력으로 조향 조작을 할 수 있다.
- 조향 조작이 경쾌하고 신속하다.
- 조향 핸들의 시미(shimmy) 현상을 줄일 수 있다.

② 동력조향장치의 구조

- 유압발생장치(오일펌프−동력부분), 유압제어장치(제어밸브−제어부분), 작동장치(유압실린더−작동부분)로 되어 있다.
- 안전 체크밸브는 동력조향장치가 고장 났을 때 수동조작이 가능하도록 해준다.

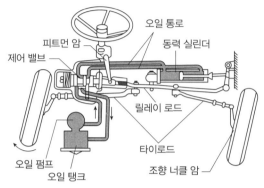

동력조향장치의 구조

(2) 무한궤도형 굴착기의 조향 방법

무한궤도형 굴착기의 조향(환향) 작용은 유압(주행)모터로 하며, 피벗 턴과 스핀 턴이 있다.

피벗 턴(pivot turn) − 피벗 회전	스핀 턴(spin turn) − 스핀 회전
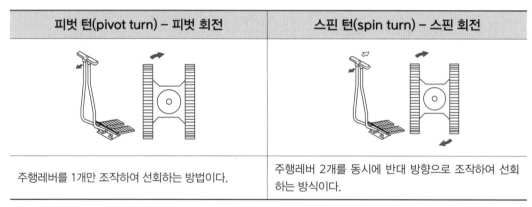	
주행레버를 1개만 조작하여 선회하는 방법이다.	주행레버 2개를 동시에 반대 방향으로 조작하여 선회하는 방식이다.

2 현가장치(suspension system)의 구조와 기능

(1) 스프링(spring)

스프링의 종류에는 판스프링, 코일스프링, 토션바스프링 등의 금속제 스프링과 고무스프링, 공기스프링 등의 비금속제 스프링이 있다.

(2) 토션바스프링(torsion bar spring)

토션바스프링은 비틀었을 때 탄성에 의해 원위치하려는 성질을 이용한 스프링 강의 막대이다. 단위중량당 에너지 흡수율이 가장 크고 가벼우며, 구조가 간단하다.

(3) 쇽업소버(shock absorber)

쇽업소버는 도로면에서 발생한 스프링의 진동을 신속하게 흡수하여 승차감을 향상시키고 동시에 스프링의 피로를 감소시키기 위해 설치하는 기구이다.

(4) 스태빌라이저(stabilizer)

스태빌라이저는 토션바스프링의 일종으로 양끝은 좌·우의 컨트롤 암에 연결되고, 중앙부분은 차체에 설치되어 커브 길을 선회할 때 차체가 롤링(rolling ; 좌우 진동)하는 것을 방지한다. 즉 차체의 기울기를 감소시켜 평형을 유지하는 기구이다.

3 변속장치의 구조와 기능 – 자동변속기(automatic transmission)

(1) **토크컨버터(torque converter)** : 토크컨버터의 펌프(임펠러)는 엔진의 크랭크축과 기계적으로 연결되고, 터빈(러너)은 변속기 입력축과 연결되어 펌프, 터빈, 스테이터 등이 상호 운동하여 회전력을 변환시킨다.

(2) **유성기어장치(planetary gear system)** : 유성기어장치는 바깥쪽에 링기어가 있으며, 중심부분에 선기어가 있다. 링기어와 선기어 사이에 유성기어(유성 피니언)가 있고, 유성기어를 구동시키기 위한 유성기어 캐리어로 구성된다.

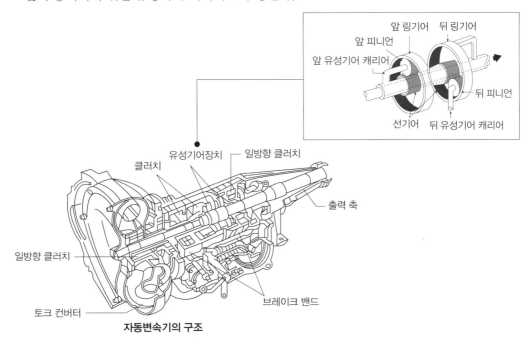

자동변속기의 구조

4 동력전달장치의 구조와 기능

(1) 드라이브 라인(drive line)

드라이브 라인은 슬립이음, 자재이음, 추진축으로 구성된다.

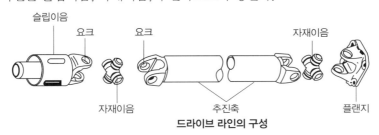

드라이브 라인의 구성

① 슬립이음(slip joint) : 슬립이음은 추진축의 길이 변화를 주는 부품이다.

② 자재이음(universal joint, 유니버설조인트) : 자재이음은 변속기와 종감속기어 사이의 구동 각도 변화를 주는 기구이다.

(2) 종감속기어와 차동기어장치

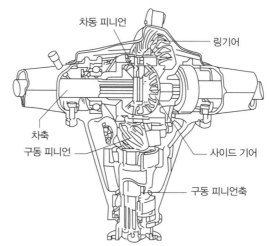

종감속기어와 차동장치의 구성

① 종감속기어(final reduction gear) : 종감속기어는 기관의 동력을 바퀴까지 전달할 때 마지막으로 감속하여 전달한다.

② 차동기어장치(differential gear system) : 타이어형 굴착기가 선회할 때 바깥쪽 바퀴의 회전속도를 안쪽 바퀴보다 빠르게 한다. 즉 커브를 돌 때 선회를 원활하게 한다.

5 제동장치의 구조와 기능

(1) 유압 브레이크(hydraulic brake)

유압 브레이크는 파스칼의 원리를 응용한다.

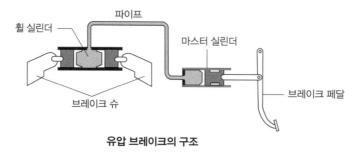

유압 브레이크의 구조

① 마스터 실린더(master cylinder) : 마스터 실린더는 브레이크 페달을 밟으면 유압을 발생시키며, 잔압은 마스터 실린더 내의 체크 밸브에 의해 형성된다.

② 휠 실린더(wheel cylinder) : 휠 실린더는 마스터 실린더에서 압송된 유압에 의하여 브레이크 슈를 드럼에 압착시킨다.

③ 브레이크 슈(brake shoe) : 브레이크 슈는 휠 실린더의 피스톤에 의해 드럼과 접촉하여 제동력을 발생하는 부품이며, 라이닝이 리벳이나 접착제로 부착되어 있다.

④ 브레이크 드럼(brake drum) : 브레이크 드럼은 휠 허브에 볼트로 설치되어 바퀴와 함께 회전하며, 브레이크 슈와의 마찰로 제동을 발생시킨다.

⑤ 브레이크 오일(또는 브레이크액) : 브레이크 오일은 피마자기름에 알코올 등의 용제를 혼합한 식물성 오일이다.

(2) 배력 브레이크(servo brake)

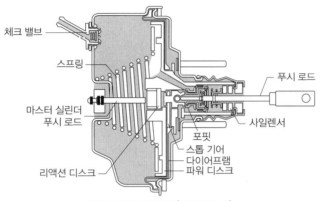

배력 브레이크의 구조(하이드로 백)

① 배력 브레이크는 유압 브레이크에서 제동력을 증대시키기 위해 사용한다.

② 진공배력방식(하이드로 백)은 기관의 흡입행정에서 발생하는 진공(부압)과 대기압 차이를 이용한다.

③ 진공배력장치(하이드로 백)에 고장이 발생하여도 유압 브레이크로 작동한다.

(3) 공기 브레이크(air brake)

① 공기 브레이크의 장점
- 차량 중량에 제한을 받지 않는다.
- 공기가 다소 누출되어도 제동성능이 현저하게 저하되지 않는다.
- 베이퍼록 발생 염려가 없다.
- 페달 밟는 양에 따라 제동력이 제어된다(유압방식은 페달 밟는 힘에 의해 제동력이 비례한다).

② 공기 브레이크의 작동
- 압축공기의 압력을 이용하여 모든 바퀴의 브레이크 슈를 드럼에 압착시켜서 제동 작용을 한다.
- 브레이크 페달로 밸브를 개폐시켜 공기량으로 제동력을 조절한다.
- 브레이크 슈를 확장시키는 부품은 캠(cam)이다.

6 주행장치의 구조와 기능

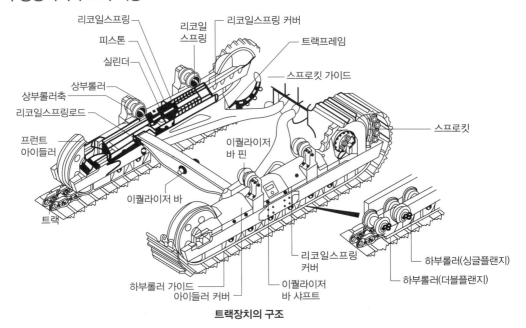

트랙장치의 구조

(1) 트랙(track)의 구조

① 트랙은 링크·핀·부싱 및 슈 등으로 구성되며, 프런트 아이들러, 상·하부롤러, 스프로킷에 감겨져 있고, 스프로킷으로부터 동력을 받아 구동된다.

② 트랙 링크와 핀은 트랙 슈와 슈를 연결하는 부품이며, 트랙 링크의 수가 38조이면 트랙 핀의 부싱도 38조이다.

(2) 프런트 아이들러(front idler ; 전부 유동륜)

① 프런트 아이들러는 트랙의 장력을 조정하면서 트랙의 진행 방향을 유도한다.

② 프런트 아이들러와 스프로킷이 일치되도록 하기 위해 브래킷 옆에 심(shim)으로 조정한다.

(3) 리코일 스프링(recoil spring)

① 리코일 스프링은 주행 중 트랙 전방에서 오는 충격을 완화하여 차체 파손을 방지하고 운전을 원활하게 한다.

② 리코일 스프링을 2중 스프링으로 하는 이유는 서징현상을 방지하기 위함이다.

(4) 상부롤러(carrier roller)

① 상부롤러는 프런트 아이들러와 스프로킷 사이에 1~2개가 설치된다.

② 트랙이 밑으로 처지는 것을 방지하고, 트랙의 회전을 바르게 유지한다.

③ 싱글 플랜지형(바깥쪽으로 플랜지가 있는 형식)을 주로 사용한다.

(5) 하부롤러(track roller)

① 하부롤러는 트랙 프레임에 3~7개 정도가 설치된다.

② 건설기계의 전체중량을 지탱하며, 전체중량을 트랙에 균등하게 분배해주고 트랙의 회전을 바르게 유지한다.

③ 하부롤러는 싱글 플랜지형과 더블 플랜지형을 사용하는데, 싱글 플랜지형은 반드시 프런트 아이들러와 스프로킷이 있는 쪽에 설치한다.

④ 싱글 플랜지형과 더블 플랜지형은 하나 건너서 하나씩(교번) 설치한다.

(6) 스프로킷(기동륜)

① 스프로킷은 최종구동기어로부터 동력을 받아 트랙을 구동한다.

② 스프로킷이 이상마멸하는 원인은 트랙의 장력과대, 즉 트랙이 이완된 경우이다.

③ 스프로킷이 한쪽으로만 마모되는 이유는 롤러 및 프런트 아이들러가 직선배열이 아니기 때문이다.

7 타이어

(1) 공기압에 따른 타이어의 종류

고압타이어, 저압타이어, 초저압타이어가 있다.

(2) 타이어의 구조

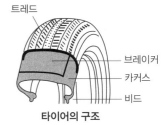

타이어의 구조

① 트레드(tread) : 트레드는 타이어가 직접 노면과 접촉되어 마모에 견디고 적은 슬립으로 견인력을 증대시키는 부분이다.

② 브레이커(breaker) : 브레이커는 몇 겹의 코드 층을 내열성의 고무로 싼 구조로 되어있으며, 트레드와 카커스의 분리를 방지하고 노면에서의 완충작용도 한다.

③ 카커스(carcass) : 카커스는 타이어의 골격을 이루는 부분이며, 공기압력을 견디어 일정한 체적을 유지하고, 하중이나 충격에 따라 변형하여 완충작용을 한다.

④ 비드 부분(bead section) : 비드 부분은 타이어가 림과 접촉하는 부분이며, 비드 부분이 늘어나는 것을 방지하고 타이어가 림에서 빠지는 것을 방지하기 위해 내부에 몇 줄의 피아노선이 원둘레 방향으로 들어 있다.

(3) 타이어의 호칭치수

① 고압타이어 : 타이어 바깥지름(inch)×타이어 폭(inch)-플라이 수(ply rating)

② 저압타이어 : 타이어 폭(inch)-타이어 안지름(inch)-플라이 수(9.00-20-14PR에서 9.00은 타이어 폭, 20은 타이어 내경, 14PR은 플라이 수를 의미한다.)

01 일반적인 사항

1 굴착기의 개요 및 구조

굴착기는 붐(boom), 암(arm), 버킷(bucket)을 장착하여 굴토(땅파기) 작업, 굴착 작업(건물의 기초나 지하실을 만들기 위해 소정의 모양으로 지반을 파내는 작업), 도랑파기 작업, 토사상차 작업에 사용되며, 최근에는 암석, 콘크리트, 아스팔트 등의 파괴를 위한 브레이커(breaker)를 부착하기도 한다. 굴착기의 건설기계 범위는 무한궤도 또는 타이어식으로 굴삭장치를 가진 자체중량 1톤 이상인 것이다.

2 굴착기의 종류 및 용도

(1) 백호(back hoe)형 굴착기

백호형 굴착기는 지면보다 낮은 부분을 굴삭하기 쉽도록 가운데가 굽은 붐(boom)을 사용하며 굴삭 작업을 할 때에는 암(arm)과 버킷(bucket)을 뒤쪽으로 당기는 동작을 한다.

(2) 셔블(shovel, 쇼벨)형 굴착기

셔블형 굴착기는 지면보다 높은 부분을 굴삭할 때 사용하며 버킷을 앞쪽으로 밀면서 굴삭을 하므로 삽으로 흙을 퍼내는 동작과 같다고 하여 이렇게 부른다.

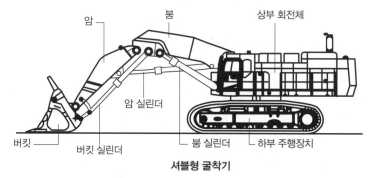

셔블형 굴착기

(3) 타이어형과 무한궤도형의 차이점

① 타이어형은 장거리 이동이 쉽고, 기동성능이 양호하며, 변속 및 주행속도가 빠르다.
② 무한궤도형은 접지압력이 낮아 습지·사지(모래땅) 및 기복이 심한 곳에서의 작업이 유리하다.

02 굴착기의 작업장치

1 암, 붐의 구조 및 작동

(1) 굴착기 작업장치의 개요

① 굴착기의 작업장치는 붐, 암(디퍼스틱), 버킷으로 구성되며, 작업 사이클은 굴착 → 붐 상승 → 스윙(선회) → 적재 → 스윙(선회) → 굴착이다.

② 굴착 작업을 할 때에는 암 제어레버, 붐 제어레버, 버킷 제어레버를 사용한다.

(2) 암(arm or dipper stick, 디퍼스틱)

암은 버킷과 붐 사이에 설치되며 버킷이 굴착 작업을 하도록 한다. 일반적으로 암과 붐의 각도가 90~110°일 때 굴착력이 가장 크며, 암의 각도는 전방 50°, 후방 15°까지 65° 사이일 때가 가장 효율적인 굴착력을 발휘할 수 있다.

(3) 붐(boom)

붐은 고장력 강판을 용접한 상자(box)형으로 상부회전체의 프레임에 풋 핀(foot pin)을 통해 설치된다.

2 버킷의 종류 및 기능

버킷은 직접 굴착하여 토사를 담는 것으로 버킷 용량은 m^3로 표시한다. 버킷의 굴착력을 높이기 위해 투스(tooth)를 부착한다.

03 작업용 연결장치(quick coupler, 퀵 커플러)

1 작업용 연결장치의 정의

굴착기의 선택작업장치를 신속하게 분리 및 결합할 수 있는 장치이다.

2 작업용 연결장치의 안전기준

① 버킷 잠금장치는 이중 잠금으로 할 것

② 유압 잠금장치가 해제된 경우 조종사가 알 수 있을 정도로 충분한 크기의 경고음이 발생되는 장치를 설치할 것

③ 퀵 커플러 유압회로에 과다전류가 발생할 때 전원을 차단할 수 있어야 하며, 작동스위치는 조종사의 조작에 의해서만 작동되는 구조일 것

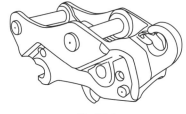

퀵 커플러

04 상부회전체

① 상부회전체는 하부주행체의 프레임(frame) 위에 설치되며, 프레임 위에 스윙 볼 레이스(swing ball race)와 결합되고, 앞쪽에는 붐이 풋 핀(foot pin)을 통해 설치되어 있다.

② 선회고정장치(swing lock system)는 상부회전체에 설치되며, 주행 또는 작업 중 차체가 기울어져 상부회전체가 자연히 회전하는 것을 방지한다.

③ 카운터웨이트(밸런스웨이트, 평형추)는 작업을 할 때 굴착기의 뒷부분이 들리는 것을 방지한다.

05 하부주행체

무한궤도형 굴착기 하부주행체의 동력전달순서는 엔진 → 유압펌프 → 제어밸브 → 센터조인트 → 주행 모터 → 트랙이다.

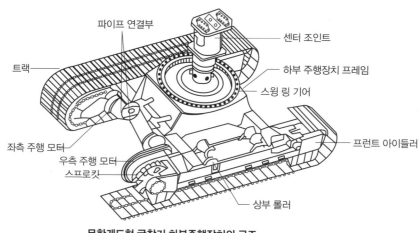

무한궤도형 굴착기 하부주행장치의 구조

1 센터조인트(center joint)

① 상부회전체의 중심 부분에 설치되며, 상부회전체의 유압유를 하부주행장치(주행모터)로 공급해 주는 장치이다.

② 상부회전체가 회전하더라도 호스, 파이프 등이 꼬이지 않고 원활히 송유한다.

2 주행모터(track motor)

① 센터조인트로부터 유압을 받아서 작동하며, 감속기어·스프로킷 및 트랙을 회전시켜 주행하도록 한다.

② 주행동력은 유압모터(주행모터)로부터 공급받으며, 무한궤도형 굴착기의 조향(환향)작용은 유압(주행)모터로 한다.

3 주행감속기어(travel reduction gear)

① 주행감속기어는 주행모터의 회전속도를 감속하여 견인력을 증대시켜 모터의 동력을 스프로킷으로 전달한다.

② 주행감속기어는 주행모터 피니언, 공전기어, 링기어 등으로 구성되어 있다.

01 안전보호구 착용 및 안전장치 확인

1 산업안전보건법 준수

(1) 산업안전의 개요
① 안전제일의 이념은 인명보호, 즉 인간존중이다.
② 위험요인을 발견하는 방법은 안전점검이며, 일상점검, 수시점검, 정기점검, 특별점검이 있다.
③ 안전의 3요소에는 관리적 요소, 기술적 요소 및 교육적 요소가 있다.
④ 재해예방의 4원칙은 예방가능의 원칙, 손실우연의 원칙, 원인계기의 원칙, 대책선정의 원칙이다.
⑤ 사고발생이 많이 일어나는 순서는 불안전 행위 → 불안전 조건 → 불가항력이다.

(2) 재해와 산업재해
① 재해란, 사고의 결과로 인하여 인간이 입는 인명피해와 재산상의 손실이다.
② 산업재해란, 근로자가 업무에 관계되는 작업이나 기타 업무에 기인하여 사망 또는 부상하거나 질병에 걸리게 되는 것이다.

(3) 산업재해 부상의 종류
① 무상해 : 응급처치 이하의 상처로 작업에 종사하면서 치료를 받는 상해 정도이다.
② 응급조치 상해 : 1일 미만의 치료를 받고 다음부터 정상작업에 임할 수 있는 정도의 상해이다.
③ 경상해 : 부상으로 1일 이상 14일 이하의 노동손실을 가져온 상해 정도이다.
④ 중상해 : 부상으로 2주 이상의 노동손실을 가져온 상해 정도이다.

(4) 재해율의 분류
① 도수율 : 근로시간 100만 시간당 발생하는 사고 건수이다.
② 강도율 : 근로시간 1,000시간당의 재해에 의한 노동손실 일수이다.
③ 연천인율 : 1년 동안 1,000명의 근로자가 작업할 때 발생하는 사상자의 비율이다.

2 안전보호구(protective equipment)

(1) 안전보호구의 구비조건
① 착용이 간단하고 착용 후 작업하기 쉬울 것
② 유해, 위험요소로부터 보호성능이 충분할 것
③ 품질과 끝마무리가 양호할 것
④ 외관 및 디자인이 양호할 것

(2) 안전보호구를 선택할 때 주의사항

① 사용목적에 적합하고, 품질이 좋을 것
② 사용하기가 쉬워야 하고, 관리하기 편할 것
③ 작업자에게 잘 맞을 것

3 안전보호구의 종류

(1) 안전모(safety cap)

안전모는 작업자가 작업할 때 비래하는 물건이나 낙하하는 물건에 의한 위험성으로부터 머리를 보호한다.

(2) 안전화(safety shoe)의 종류

① 경작업용 : 금속 선별, 전기제품 조립, 화학제품 선별, 식품가공업 등 경량의 물체를 취급하는 작업장용이다.
② 보통작업용 : 기계공업, 금속가공업 등 공구 부품을 손으로 취급하는 작업 및 차량 사업장, 기계 등을 조작하는 일반작업장용이다.
③ 중작업용 : 광산에서 채광, 철강업에서 원료 취급, 강재 운반 등 중량물 운반 작업 및 중량이 큰 물체를 취급하는 작업장용이다.

(3) 안전작업복(safety working clothes)

① 작업장에서 안전모, 작업화, 작업복을 착용하도록 하는 이유는 작업자의 안전을 위함이다.
② 작업에 따라 보호구 및 그 밖의 물건을 착용할 수 있을 것
③ 소매나 바지자락이 조일 수 있을 것
④ 화기사용 직장에서는 방염성, 불연성일 것
⑤ 작업복은 몸에 맞고 동작이 편할 것
⑥ 상의의 끝이나 바지자락 등이 기계에 말려 들어갈 위험이 없을 것
⑦ 옷소매는 되도록 폭이 좁게 된 것이나 단추가 달린 것은 피할 것

(4) 보안경

보안경은 날아오는 물체로부터 눈을 보호하고 유해광선에 의한 시력장해를 방지하기 위해 사용한다.

(5) 방음보호구(귀마개·귀덮개)

소음이 발생하는 작업장에서 작업자의 청력을 보호하기 위해 사용되는데, 소음의 허용기준은 8시간 작업을 할 때 90db이고, 그 이상의 소음 작업장에서는 귀마개나 귀덮개를 착용한다.

(6) 호흡용 보호구

산소결핍 작업, 분진 및 유독가스 발생 작업장에서 작업할 때 신선한 공기공급 및 여과를 통하여 호흡기를 보호한다.

4 안전장치(safety device)

(1) 안전대

안전대는 신체를 지지하는 요소와 구조물 등 걸이설비에 연결하는 요소로 구성된다. 안전대의 용도의 용도는 작업 제한, 작업자세 유지, 추락 억제이다.

(2) 사다리식 통로

① 견고한 구조로 만들고, 심한 손상, 부식 등이 없는 재료를 사용할 것

② 발판의 간격은 일정하게 만들고, 발판 폭은 30cm 이상으로 만들 것

③ 사다리가 넘어지거나 미끄러지는 것을 방지하기 위한 조치를 할 것

④ 발판과 벽과의 사이는 15cm 이상의 간격을 유지할 것

⑤ 사다리의 상단(끝)은 걸쳐놓은 지점으로부터 60cm 이상 올라가도록 할 것

⑥ 사다리식 통로의 길이가 10m 이상인 경우에는 5m 이내마다 계단참을 설치할 것

⑦ 사다리식 통로는 90°까지 설치할 수 있다. 다만, 고정식이면서, 75°를 넘고, 사다리 높이가 7m를 넘으면 바닥으로 높이 2m 지점부터 등받이가 있어야 한다.

(3) 방호장치

① 격리형 방호장치 : 작업점 외에 직접 사람이 접촉하여 말려들거나 다칠 위험이 있는 장소를 덮어씌우는 방호장치 방법이다.

② 덮개형 방호조치 : V-벨트나 평 벨트 또는 기어가 회전하면서 접선방향으로 물려 들어가는 장소에 많이 설치한다.

③ 접근 반응형 방호장치 : 작업자의 신체부위가 위험한계 또는 그 인접한 거리로 들어오면 이를 감지하여 그 즉시 동작하던 기계를 정지시키거나 스위치가 꺼지도록 하는 방호법이다.

02 위험요소 확인

1 안전표지 및 안전수칙 이해

(1) 안전표지

작업장에서 작업자가 판단이나 행동의 실수가 발생하기 쉬운 장소나 중대한 재해를 일으킬 우려가 있는 장소에 안전을 확보하기 위해 표시하는 표지이다.

① 금지표지 : 위험한 어떤 일이나 행동 등을 하지 못하도록 제한하는 표지이다.

② 경고표지 : 조심하도록 미리 주의를 주는 표지로 직접적으로 위험한 것, 위험한 장소에 대한 표지이다.

③ 지시표지 : 불안전 행위, 부주의에 의한 위험이 있는 장소를 나타내는 표지이다.

④ 안내표지 : 응급구호표지, 방향표지, 지도표지 등 안내를 나타내는 표지이다.

※ p.181 참조

(2) 안전수칙

① 안전보호구 지급착용

② 안전보건표지 부착

③ 안전보건교육 실시

④ 안전작업 절차준수

2 위험요소

(1) 지상시설물

굴착기는 고압전선으로부터 최소 3m 이상 떨어져 있어야 한다. 50,000V 이상인 경우에는 매 1,000V당 1m씩 떨어져 작업을 할 수 있도록 사전에 작업 반경을 확인한다.

(2) 지하매설물

작업현장 주변에 가스관, 수도관, 통신선로 등의 지하매설물 위치를 확인한다.

03 안전운반 작업

1 운반경로를 선정할 때 고려사항

① 통근, 통학 또는 시장 근처 등 보행자가 많거나 차도와 보도의 구별이 없는 도로, 학교, 병원, 유치원, 도서관 등이 있는 도로는 가능한 한 피한다.

② 좁은 도로를 출입할 경우에는 나가는 도로와 들어오는 도로를 별개로 선정한다.

③ 주변에 대한 소음 피해를 완화하기 위해 될 수 있는 한 포장도로나 폭이 넓은 도로를 선정한다.

④ 경사가 급하거나 급커브가 많은 도로에서는 엔진소음 및 제동소음이 크게 증가하므로 가능한 한 이러한 도로는 피한다.

2 무한궤도형 굴착기 운반방법

(1) 경사대(상차판) 준비하기

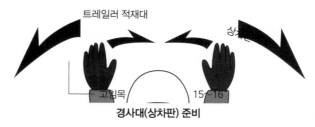

경사대(상차판) 준비

(2) 트레일러에 굴착기 적재하기

① 가능한 한 평탄한 노면에서 상·하차하여야 한다.

② 충분한 길이, 폭, 강도 및 구배를 확보한 상차판을 사용한다.

③ 굴착기의 위치가 상차판에 대하여 나란하게 되도록 확인한다. 원칙으로 주행모터 위치는 상차할 때에는 뒤쪽, 하차할 때에는 앞쪽으로 한다.

④ 트레일러에 굴착기를 상차 후 아래의 작업을 순서대로 진행한다.
  - 트레일러 뒷바퀴 위에 수평이 되면 정지한다.
  - 상부회전체를 180° 선회한다. 그 후 굴착기를 천천히 트레일러 앞쪽으로 이동한다.
⑤ 위치가 결정되면 작업장치를 천천히 내린다.

트레일러에 정상적으로 탑재한 경우

3 작업안전 및 그 밖의 안전사항

① 주행로의 지형, 지반 등으로 인한 미끄러짐의 위험이 있는지 확인한다.
② 이상소음, 누수, 누유 또는 부품, 조종레버 등에 이상이 있는 경우에는 즉시 그 원인을 확인하고 정비한다.
③ 주행을 할 때에는 조종레버의 안전장치를 풀고 버킷을 지상 40cm 정도로 들어 올려 주행한다.
④ 정해진 주행속도를 지켜 운행한다.
⑤ 언덕을 내려올 때에는 가속레버를 저속위치로 하고 엔진 브레이크를 사용한다.
⑥ 굴착기의 작업범위 내에는 작업자를 출입시키지 않는다.
⑦ 주행 중 상부회전체가 선회하지 않도록 선회잠금장치를 잠가 둔다.

04 굴착기의 안전관리

1 굴착기의 안전관리

(1) 유압실린더 작동상태 점검
① 조종레버를 작동하여 유압실린더의 누유여부 및 피스톤 로드의 손상을 점검한다.
② 유압실린더 내벽의 마모가 심하면 피스톤 로드의 내부 미끄럼 운동으로 붐이나 버킷이 자연하강된다.

(2) 전·후진 작동, 제동장치 및 조향핸들 조작상태 점검
① 전·후진 작동 점검
② 타이어형 굴착기의 제동장치 점검
③ 주차 브레이크 점검
④ 타이어형 굴착기의 조향핸들 작동상태 점검

(3) 주차 및 작업종료 후 안전수칙

① 버킷을 지면에 완전히 내린다.

② 주차 브레이크를 체결하고 전·후진 레버를 중립 위치에 놓은 상태에서 엔진 시동을 정지하고 시동키는 운전자가 지참하여 관리한다.

③ 작업 후 점검을 실시하여 굴착기의 이상 유무를 확인한다.

④ 내·외부를 청소하고 더러움이 심할 경우 물로 세척한다.

2 일상점검표

일상점검은 굴착기의 작은 이상을 빨리 발견함으로 큰 고장으로 발전하지 않도록 하여, 굴착기를 최적·최상의 상태로 유지하고 수명을 연장하기 위하여 엔진을 시동하기 전, 작업 중, 작업 완료한 후에 운전자가 실시하는 점검이다.

(1) 운전 전 점검사항

① 연료·냉각수 및 엔진오일 보유량과 상태를 점검한다.

② 유압유의 유량과 상태를 점검한다.

③ 작업장치 핀 부분의 니플에 그리스를 주유한다.

④ 타이어형 굴착기는 공기압을 점검하고, 무한궤도형 굴착기는 트랙의 장력을 점검한다.

⑤ 각종 부품의 볼트나 너트의 풀림 여부를 점검한다.

⑥ 각종 오일 및 냉각수의 누출 부위는 없는지 점검한다.

⑦ 팬벨트의 유격을 점검한다.

(2) 운전 중 점검사항

① 엔진의 이상소음 및 배기가스 색깔을 점검한다(배기가스 색깔이 무색이면 정상이다).

② 유압경고등, 충전경고등, 온도계 등 각종 계기들을 점검한다.

③ 각 부분의 오일누출 여부를 점검한다.

④ 각종 작업레버 및 페달의 작동상태를 점검한다.

⑤ 운전 중 경고등이 점등하거나 결함이 발생하면 즉시 굴착기를 정차시킨 후 점검한다.

(3) 운전 후 점검사항

① 연료를 보충한다.

② 상·하부롤러 사이의 이물질을 제거한다.

③ 각 연결부분의 볼트·너트 이완 및 파손 여부를 점검한다.

④ 선회서클을 청소한다.

⑤ 각 부품의 변형 및 파손 여부, 볼트나 너트의 풀림 여부를 점검한다.

⑥ 굴착기 내·외부를 청소한다.

3 **작업요청서**

작업요청서에는 의뢰인의 인적사항, 출발 및 도착지, 운행경로, 장비제원, 안전장비 착용, 작업할 때 준수사항 등이 있다.

05 기계·기구 및 공구에 관한 사항

1 **수공구(hand tool) 안전사항**

(1) 렌치(wrench) 사용시 주의사항

① 볼트 및 너트에 맞는 것을 사용한다. 즉 볼트 및 너트 머리 크기와 같은 조(jaw)의 렌치를 사용한다.

② 볼트 및 너트에 렌치를 깊이 물린다.

③ 렌치를 몸 안쪽으로 잡아당겨 움직이도록 한다.

④ 힘의 전달을 크게 하기 위하여 파이프 등을 끼워서 사용해서는 안 된다.

⑤ 렌치를 해머로 두들겨서 사용하지 않는다.

⑥ 높거나 좁은 장소에서는 몸을 안전하게 한 후 작업한다.

⑦ 해머 대용으로 사용하지 않는다.

> **복스렌치를 오픈엔드렌치(스패너)보다 많이 사용하는 이유** : 볼트와 너트 주위를 완전히 싸게 되어 있어 사용 중에 미끄러지지 않기 때문이다.

(2) 토크렌치(torque wrench) 사용방법

① 볼트·너트 등을 조일 때 조이는 힘을 측정하기(조임력을 규정 값에 정확히 맞도록) 위하여 사용한다.

② 오른손은 렌치 끝을 잡고 돌리며, 왼손은 지지점을 누르고 눈은 게이지 눈금을 확인한다.

(3) 드라이버(driver) 사용방법

① 스크루 드라이버의 크기는 손잡이를 제외한 길이로 표시한다.

② 날 끝의 홈의 폭과 길이가 같은 것을 사용한다.

③ 작은 크기의 부품이라도 바이스(vise)에 고정시키고 작업한다.

④ 전기 작업을 할 때에는 절연된 손잡이를 사용한다.

⑤ 드라이버에 압력을 가하지 말아야 한다.

⑥ 정 대용으로 드라이버를 사용해서는 안 된다.

⑦ 자루가 쪼개졌거나 허술한 드라이버는 사용하지 않는다.

⑧ 드라이버의 끝을 항상 양호하게 관리하여야 한다.

⑨ 날 끝이 수평이어야 한다.

(4) 해머(hammer) 작업시 주의사항

① 해머로 녹슨 것을 때릴 때에는 반드시 보안경을 쓴다.
② 기름이 묻은 손이나 장갑을 끼고 작업하지 않는다.
③ 해머는 작게 시작하여 점차 큰 행정으로 작업한다.
④ 해머 대용으로 다른 것을 사용하지 않는다.
⑤ 타격면은 평탄하고, 손잡이는 튼튼한 것을 사용한다.
⑥ 사용 중에 자루 등을 자주 조사한다.
⑦ 타격 가공하려는 것을 보면서 작업한다.
⑧ 해머를 휘두르기 전에 반드시 주위를 살핀다.
⑨ 좁은 곳에서는 해머 작업을 하지 않는다.

2 드릴(drill) 작업시 주의사항

① 구멍을 거의 뚫었을 때 일감 자체가 회전하기 쉽다.
② 드릴의 탈·부착은 회전이 멈춘 다음 행한다.
③ 공작물은 단단히 고정시켜 같이 돌지 않게 한다.
④ 드릴 끝이 가공물을 관통했는지를 손으로 확인해서는 안 된다.
⑤ 드릴 작업은 장갑을 끼고 작업해서는 안 된다.
⑥ 작업 중 쇳가루를 입으로 불어서는 안 된다.
⑦ 드릴 작업을 하고자 할 때 재료 밑의 받침은 나무판을 이용한다.

3 그라인더(grinder, 연삭숫돌) 작업시 주의사항

① 숫돌차와 받침대 사이의 표준간격은 2~3mm 정도가 좋다.
② 반드시 보호안경을 착용하여야 한다.
③ 안전커버를 떼고서 작업해서는 안 된다.
④ 숫돌 작업은 측면에 서서 숫돌의 정면을 이용하여 연삭한다.
⑤ 숫돌차의 회전은 규정 이상 빠르게 회전시켜서는 안 된다.
⑥ 숫돌차를 고정하기 전에 균열이 있는지 확인한다.

4 산소-아세틸렌 용접(oxy-acetylene welding) 작업시 주의사항

① 반드시 소화기를 준비한다.
② 아세틸렌 밸브를 열어 점화한 후 산소밸브를 연다.
③ 점화는 성냥불로 직접 하지 않는다.
④ 역화가 발생하면 토치의 산소밸브를 먼저 닫고 아세틸렌 밸브를 닫는다.
⑤ 산소통의 메인밸브가 얼었을 때 40℃ 이하의 물로 녹인다.
⑥ 산소는 산소병에 35℃에서 150기압으로 압축 충전한다.

06 가스 및 전기 안전관리

1 가스안전관련 및 가스배관

(1) LNG와 LPG의 차이점

① LNG(액화천연가스 또는 도시가스) : LNG는 주성분이 메탄이며, 공기보다 가벼워 누출되면 위로 올라간다.

② LPG(액화석유가스) : LPG는 주성분이 프로판과 부탄이며, 공기보다 무거워 누출되면 바닥에 가라앉는다.

(2) 가스배관과의 이격거리 및 매설깊이

① 상수도관을 도시가스배관 주위에 매설할 때 도시가스배관 외면과 상수도관과의 최소 이격거리는 30cm 이상이다.

② 가스배관과의 수평거리 2m 이내에서 파일박기를 하고자 할 때 시험굴착을 통하여 가스배관의 위치를 확인해야 한다.

③ 항타기(기둥박기 장비)는 부득이한 경우를 제외하고 가스배관의 수평거리를 최소한 2m 이상 이격하여 설치한다.

④ 가스배관과 수평거리 30cm 이내에서는 파일박기를 할 수 없다.

⑤ 도시가스 배관을 공동주택 부지 내에 매설할 때 깊이는 0.6m 이상이어야 한다.

⑥ 폭 4m 이상 8m 미만인 도로에 일반 도시가스배관을 매설할 때 지면과 배관 상부와의 최소 이격거리는 1.0m 정도이다.

⑦ 도로 폭이 8m 이상의 큰 도로에서 장애물 등이 없을 경우 일반 도시가스 배관의 최소 매설 깊이는 1.2m 이상이다.

⑧ 폭 8m 이상의 도로에서 중압의 도시가스 배관을 매설 시 규정심도는 최소 1.2m 이상이다.

⑨ 가스도매사업자의 배관을 시가지의 도로 노면 밑에 매설하는 경우 노면으로부터 배관 외면까지의 깊이는 1.5m 이상이다.

(3) 가스배관 및 보호포의 색상

① 저압인 경우에는 황색이다.

② 중압 이상인 경우에는 적색이다.

(4) 도시가스 압력에 의한 분류

① 저압 : 0.1MPa(메가 파스칼) 미만

② 중압 : 0.1MPa 이상 1MPa 미만

③ 고압 : 1MPa 이상

(5) 인력으로 굴착하여야 하는 범위

가스배관의 주위를 굴착하고자 할 때에는 가스배관의 좌우 1m 이내의 부분은 인력으로 굴착하여야 한다.

(6) 라인마크(line mark)

① 직경이 9cm 정도인 원형으로 된 동(구리)합금이나 황동주물로 되어있다.

② 분기점에는 T형 화살표가 표시되어 있다.

③ 직선구간에는 배관 길이 50m마다 1개 이상 설치되어 있다.

④ 도시가스라고 표기되어 있으며 화살표가 있다.

(7) 도로 굴착자가 굴착 공사 전에 이행할 사항

① 도면에 표시된 가스배관과 기타 저장물 매설 유무를 조사하여야 한다.

② 조사된 자료로 시험 굴착위치 및 굴착개소 등을 정하여 가스배관 매설위치를 확인하여야 한다.

③ 도시가스 사업자와 일정을 협의하여 시험굴착 계획을 수립하여야 한다.

④ 위치표시용 페인트와 표지판 및 황색 깃발 등을 준비하여야 한다.

(8) 도시가스 매설배관 표지판의 설치기준

① 표지판의 가로치수는 200mm, 세로치수는 150mm 이상의 직사각형이다.

② 포장도로 및 공동주택 부지 내의 도로에 라인마크(line mark)와 함께 설치해서는 안 된다.

③ 황색바탕에 검정색 글씨로 도시가스 배관임을 알리고 연락처 등을 표시한다.

④ 설치 간격은 500m마다 1개 이상이다.

2 전기안전관련 및 전기시설

(1) 전압에 따른 건설기계의 이격거리

구분	전압	이격 거리	비고
저 · 고압	100V, 200V	2m	–
	6,600V	2m	–
특별 고압	22,000V	3m	고압전선으로부터 최소 3m 이상 떨어져 있어야 하며, 50,000V 이상인 경우 매 1,000V당 1m씩 떨어져야 한다.
	66,000V	4m	
	154,000V	5m	
	275,000V	7m	
	500,000V	11m	

(2) 고압전선 부근에서 작업할 때 주의사항

굴착기는 고압전선으로부터 최소 3m 이상 떨어져 있어야 한다. 50,000V 이상인 경우에는 매 1,000V당 1m씩 떨어져야 작업을 할 수 있도록 사전에 작업 반경을 확인하는 것이 필요하며 사고 예방을 위한 최소한의 거리를 확보하는 것이 중요하다.

(3) 작업장 주변의 건축구조물 등 장애물 위치 파악

지상의 고압전선의 전원이 있을 경우 안전한 작업을 위하여 작업 전에 작업계획을 확인하고 관계자와 협의하여 고압전선의 전원을 차단할 수 있도록 요청하고, 반드시 차단되었는지 확인한 후 다음 작업을 실시한다.

제5편 건설기계관리법 및 도로교통법

01 건설기계관리법

1 건설기계관리법의 목적

건설기계의 등록·검사·형식승인 및 건설기계 사업과 건설기계조종사면허 등에 관한 사항을 정하여 건설기계를 효율적으로 관리하고 건설기계의 안전도를 확보하여 건설공사의 기계화를 촉진함을 목적으로 한다.

2 건설기계 사업

건설기계 사업의 분류에는 대여업, 정비업, 매매업, 해체재활용업 등이 있으며, 건설기계 사업을 영위하고자 하는 자는 시장·군수 또는 구청장에게 등록하여야 한다.

3 건설기계의 신규등록

(1) 건설기계 등록신청

① 건설기계를 등록하려는 건설기계의 소유자는 건설기계 소유자의 주소지 또는 건설기계의 사용본거지를 관할하는 특별시장·광역시장·도지사 또는 특별자치도지사("시·도지사")에게 제출하여야 한다.

② 건설기계등록신청은 건설기계를 취득한 날(판매를 목적으로 수입된 건설기계의 경우에는 판매한 날)부터 2개월 이내에 하여야 한다. 다만, 전시·사변, 기타 이에 준하는 국가비상사태하에 있어서는 5일 이내에 신청하여야 한다.

(2) 등록사항의 변경신고

건설기계의 소유자는 건설기계등록사항에 변경(주소지 또는 사용본거지가 변경된 경우를 제외)이 있는 때에는 그 변경이 있은 날부터 30일(상속의 경우에는 상속개시일부터 6개월) 이내에 건설기계등록사항 변경신고서(전자문서로 된 신고서를 포함)를 등록을 한 시·도지사에게 제출하여야 한다. 다만, 전시·사변 기타 이에 준하는 국가비상사태하에 있어서는 5일 이내에 하여야 한다.

(3) 등록이전

건설기계의 소유자는 등록한 주소지 또는 사용본거지가 변경된 경우(시·도간의 변경이 있는 경우)에는 그 변경이 있은 날부터 30일(상속의 경우에는 상속개시일부터 6개월) 이내에 건설기계 등록이전신고서에 소유자의 주소 또는 건설기계의 사용본거지의 변경 사실을 증명하는 서류와 건설기계등록증 및 건설기계검사증을 첨부하여 새로운 등록지를 관할하는 시·도지사에게 제출(전자문서에 의한 제출을 포함)하여야 한다.

4 임시운행 사유

① 등록신청을 하기 위하여 건설기계를 등록지로 운행하는 경우

② 신규등록검사 및 확인검사를 받기 위하여 건설기계를 검사장소로 운행하는 경우

③ 수출을 하기 위하여 건설기계를 선적지로 운행하는 경우

④ 수출을 하기 위하여 등록말소 한 건설기계를 점검·정비의 목적으로 운행하는 경우

⑤ 신개발 건설기계를 시험·연구의 목적으로 운행하는 경우

⑥ 판매 또는 전시를 위하여 건설기계를 일시적으로 운행하는 경우

> 임시운행기간은 15일 이내로 한다. 다만, 신개발 건설기계를 시험·연구의 목적으로 운행하는 경우에는 3년 이내로 한다.

5 건설기계의 등록말소 – 등록말소 사유 및 등록말소 신청기간

① 거짓이나 그 밖의 부정한 방법으로 등록을 한 경우

② 건설기계가 천재지변 또는 이에 준하는 사고 등으로 사용할 수 없게 되거나 멸실된 경우 : 사유가 발생한 날부터 30일 이내

③ 건설기계의 차대(車臺)가 등록 시의 차대와 다른 경우

④ 건설기계가 건설기계 안전기준에 적합하지 아니하게 된 경우

⑤ 최고(催告)를 받고 지정된 기한까지 정기검사를 받지 아니한 경우

⑥ 건설기계를 수출하는 경우

⑦ 건설기계를 도난당한 경우 : 사유가 발생한 날부터 2개월 이내

⑧ 건설기계를 폐기한 경우 : 사유가 발생한 날부터 30일 이내

⑨ 건설기계 해체재활용업을 등록한 자에게 폐기를 요청한 경우 : 사유가 발생한 날부터 30일 이내

⑩ 구조적 제작 결함 등으로 건설기계를 제작자 또는 판매자에게 반품한 경우 : 사유가 발생한 날부터 30일 이내

⑪ 건설기계를 교육·연구 목적으로 사용하는 경우 : 사유가 발생한 날부터 30일 이내

⑫ 대통령령으로 정하는 내구연한을 초과한 건설기계

6 건설기계조종사 면허

(1) 건설기계조종사 면허의 결격사유

① 18세 미만인 사람

② 건설기계 조종상의 위험과 장해를 일으킬 수 있는 정신질환자 또는 뇌전증환자

③ 앞을 보지 못하는 사람, 듣지 못하는 사람

④ 국토교통부령이 정하는 장애인

⑤ 마약, 대마, 향정신성 의약품 또는 알코올 중독자

⑥ 건설기계 조종사 면허가 취소된 날부터 1년이 경과되지 아니한 자

⑦ 허위, 기타 부정한 방법으로 면허를 받아 취소된 날로부터 2년이 경과되지 아니한 자

⑧ 건설기계 조종사 면허의 효력정지 기간 중에 건설기계를 조종하여 면허가 취소된지 2년이 경과되지 아니한 자

(2) 건설기계 면허 적성검사 기준

① 두 눈을 동시에 뜨고 잰 시력이 0.7 이상일 것(교정시력을 포함한다)

② 두 눈의 시력이 각각 0.3 이상일 것(교정시력을 포함한다)

③ 55데시벨(보청기를 사용하는 사람은 40데시벨)의 소리를 들을 수 있고, 언어분별력이 80% 이상일 것

④ 시각은 150도 이상일 것

⑤ 마약·알코올 중독의 사유에 해당되지 아니할 것

> 건설기계조종사는 10년마다(65세 이상인 경우는 5년마다) 시장·군수 또는 구청장이 실시하는 정기적성검사를 받아야 한다.

7 등록번호표

(1) 등록번호표에 표시되는 사항

등록번호표에는 기종, 등록관청, 등록번호, 용도 등이 표시된다.

(2) 등록번호표의 색칠

① 자가용 : 녹색 판에 흰색 문자

② 영업용 : 주황색 판에 흰색 문자

③ 관용 : 백색 판에 검은색 문자

④ 임시운행 번호표 : 흰색 페인트 판에 검은색 문자

(3) 건설기계 등록번호

① 자가용 : 1001~4999

② 영업용 : 5001~8999

③ 관용 : 9001~9999

8 건설기계 검사

(1) 건설기계 검사의 종류

① 신규등록검사 : 건설기계를 신규로 등록할 때 실시하는 검사이다.

② 정기검사 : 건설공사용 건설기계로서 3년의 범위에서 국토교통부령으로 정하는 검사유효기간이 끝난 후에도 계속하여 운행하려는 경우에 실시하는 검사와 대기환경보전법 및 소음·진동관리법에 따른 운행차의 정기검사이다.

③ 구조변경검사 : 건설기계의 주요구조를 변경 또는 개조한 때 실시하는 검사이다.

④ 수시검사 : 성능이 불량하거나 사고가 자주 발생하는 건설기계의 안전성 등을 점검하기 위하여 수시로 실시하는 검사로 건설기계 소유자의 신청을 받아 실시하는 검사이다.

(2) 정기검사 신청기간 및 검사기간 산정

① 정기검사를 받으려는 자는 검사유효기간의 만료일 전후 각각 31일 이내에 신청한다.

② 유효기간의 산정은 정기검사 신청기간까지 신청한 경우에는 종전 검사유효기간 만료일 다음 날부터, 그 외의 경우에는 검사를 받은 날의 다음 날부터 기산한다.

(3) 당해 건설기계가 위치한 장소에서 검사하는(출장검사) 경우

① 도서지역에 있는 경우

② 자체중량이 40톤을 초과하거나 축중이 10톤을 초과하는 경우

③ 너비가 2.5미터를 초과하는 경우

④ 최고속도가 시간당 35킬로미터 미만인 경우

(4) 굴착기 정기검사 유효기간

① 타이어형 굴착기의 정기검사 유효기간은 1년이다.

② 무한궤도식 굴착기의 정기검사 유효기간은 연식이 20년 이하인 경우에는 3년이고, 20년을 초과한 경우에는 1년이다.

(5) 정비명령

검사에 불합격된 건설기계에 대해서는 31일 이내의 기간을 정하여 해당 건설기계의 소유자에게 검사를 완료한 날(검사를 대행하게 한 경우에는 검사결과를 보고받은 날)부터 10일 이내에 정비명령을 해야 한다.

9 건설기계의 구조변경을 할 수 없는 경우

① 건설기계의 기종변경

② 육상작업용 건설기계규격의 증가 또는 적재함의 용량증가를 위한 구조변경

10 건설기계조종사 면허 취소 및 정지 사유

(1) 면허취소 사유

① 거짓이나 그 밖의 부정한 방법으로 건설기계조종사 면허를 받은 경우

② 건설기계조종사 면허의 효력정지기간 중 건설기계를 조종한 경우

③ 건설기계 조종상의 위험과 장해를 일으킬 수 있는 정신질환자 또는 뇌전증 환자로서 국토교통부령으로 정하는 사람

④ 앞을 보지 못하는 사람, 듣지 못하는 사람

⑤ 건설기계 조종상의 위험과 장해를 일으킬 수 있는 마약·대마·향정신성 의약품 또는 알코올 중독자

⑥ 고의로 인명피해(사망·중상·경상 등)를 입힌 경우

⑦ 건설기계조종사 면허증을 다른 사람에게 빌려준 경우

⑧ 술에 만취한 상태(혈중알코올농도 0.08% 이상)에서 건설기계를 조종한 경우

⑨ 술에 취한 상태에서 건설기계를 조종하다가 사고로 사람을 죽게 하거나 다치게 한 경우

⑩ 2회 이상 술에 취한 상태에서 건설기계를 조종하여 면허효력정지를 받은 사실이 있는 사람이 다시 술에 취한 상태에서 건설기계를 조종한 경우

⑪ 약물(마약, 대마, 향정신성 의약품 및 환각물질)을 투여한 상태에서 건설기계를 조종한 경우

⑫ 정기적성검사를 받지 않거나 적성검사에 불합격한 경우

(2) 면허정지 사유

① 인명피해를 입힌 경우
- 사망 1명마다 : 면허효력정지 45일
- 중상 1명마다 : 면허효력정지 15일
- 경상 1명마다 : 면허효력정지 5일

② 재산피해 : 피해금액 50만 원 마다 면허효력정지 1일(90일을 넘지 못함)

③ 건설기계 조종 중에 고의 또는 과실로 가스공급시설을 손괴하거나 가스공급시설의 기능에 장애를 입혀 가스의 공급을 방해한 경우 : 면허효력정지 180일

④ 술에 취한 상태(혈중알코올농도 0.03% 이상 0.08% 미만)에서 건설기계를 조종한 경우 : 면허효력정지 60일

11 벌칙

(1) 2년 이하의 징역 또는 2천만 원 이하의 벌금

① 등록되지 아니한 건설기계를 사용하거나 운행한 자

② 등록이 말소된 건설기계를 사용하거나 운행한 자

③ 시·도지사의 지정을 받지 아니하고 등록번호표를 제작하거나 등록번호를 새긴 자

④ 등록을 하지 아니하고 건설기계사업을 하거나 거짓으로 등록을 한 자

⑤ 등록이 취소되거나 사업의 전부 또는 일부가 정지된 건설기계사업자로서 계속하여 건설기계사업을 한 자

(2) 1년 이하의 징역 또는 1천만 원 이하의 벌금

① 거짓이나 그 밖의 부정한 방법으로 등록을 한 자

② 등록번호를 지워 없애거나 그 식별을 곤란하게 한 자

③ 구조변경검사 또는 수시검사를 받지 아니한 자

④ 정비명령을 이행하지 아니한 자

⑤ 건설기계를 도로나 타인의 토지에 버려둔 자

⑥ 건설기계조종사면허를 받지 아니하고 건설기계를 조종한 자

⑦ 건설기계조종사면허를 거짓이나 그 밖의 부정한 방법으로 받은 자

⑧ 소형 건설기계의 조종에 관한 교육과정의 이수에 관한 증빙서류를 거짓으로 발급한 자

⑨ 매매용 건설기계를 운행하거나 사용한 자

⑩ 술에 취하거나 마약 등 약물을 투여한 상태에서 건설기계를 조종한 자와 그러한 자가 건설기계를 조종하는 것을 알고도 말리지 아니하거나 건설기계를 조종하도록 지시한 고용주

⑪ 건설기계조종사면허가 취소되거나 건설기계조종사면허의 효력정지처분을 받은 후에도 건설기계를 계속하여 조종한 자

02 도로교통법

1 도로교통법의 목적

도로에서 일어나는 교통상의 모든 위험과 장해를 방지하고 제거하여 안전하고 원활한 교통을 확보함을 목적으로 한다.

> **도로의 분류**
> - 도로법에 따른 도로
> - 유료도로법에 따른 유료도로
> - 농어촌도로 정비법에 따른 농어촌도로
> - 그 밖에 현실적으로 불특정 다수의 사람 또는 차마(車馬)가 통행할 수 있도록 공개된 장소로서 안전하고 원활한 교통을 확보할 필요가 있는 장소

2 신호 또는 지시에 따를 의무

신호기나 안전표지가 표시하는 신호 또는 지시와 교통정리를 위한 경찰공무원 등의 신호나 지시가 다른 때에는 경찰공무원 등의 신호 또는 지시에 따라야 한다.

3 이상 기후일 경우의 운행속도

도로의 상태	감속운행속도
• 비가 내려 노면에 습기가 있는 때 • 눈이 20mm 미만 쌓인 때	최고속도의 20/100
• 폭우·폭설·안개 등으로 가시거리가 100m 이내일 때 • 노면이 얼어붙는 때 • 눈이 20mm 이상 쌓인 때	최고속도의 50/100

4 앞지르기 금지

(1) 앞지르기 금지

① 앞차의 좌측에 다른 차가 앞차와 나란히 가고 있을 때
② 앞차가 다른 차를 앞지르고 있거나 앞지르고자 할 때
③ 앞차가 좌측으로 방향을 바꾸기 위하여 진로 변경하는 경우 및 반대 방향에서 오는 차량의 진행을 방해하게 될 때

(2) 앞지르기 금지장소

교차로, 도로의 구부러진 곳, 비탈길의 고갯마루 부근, 가파른 비탈길의 내리막, 터널 안, 다리 위 등이다.

> **차마 서로 간의 통행 우선순위**
> 긴급자동차 → 긴급자동차 이외의 자동차 → 원동기장치자전거 → 자동차 및 원동기장치자전거 이외의 차마

5 정차 및 주차금지 장소

(1) 주·정차 금지장소

① 화재경보기로부터 3m 지점

② 교차로의 가장자리 또는 도로의 모퉁이로부터 5m 이내의 곳

③ 횡단보도로부터 10m 이내의 곳

④ 버스여객 자동차의 정류소를 표시하는 기둥이나 판 또는 선이 설치된 곳으로부터 10m 이내의 곳

⑤ 건널목 가장자리로부터 10m 이내의 곳

⑥ 안전지대가 설치된 도로에서 그 안전지대의 사방으로부터 각각 10m 이내의 곳

(2) 주차금지 장소

① 소방용 기계기구가 설치된 곳으로부터 5m 이내의 곳

② 소방용 방화물통으로부터 5m 이내의 곳

③ 소화전 또는 소화용 방화물통의 흡수구나 흡수관을 넣는 구멍으로부터 5m 이내의 곳

④ 도로공사 중인 경우 공사구역의 양쪽 가장자리로부터 5m 이내

⑤ 터널 안 및 다리 위

6 교통사고 발생 후 벌점

① 사망 1명마다 90점(사고발생으로부터 72시간 내에 사망한 때)

② 중상 1명마다 15점(3주 이상의 치료를 요하는 의사의 진단이 있는 사고)

③ 경상 1명마다 5점(3주 미만 5일 이상의 치료를 요하는 의사의 진단이 있는 사고)

④ 부상신고 1명마다 2점(5일 미만의 치료를 요하는 의사의 진단이 있는 사고)

01 엔진구조

1 엔진 본체 구조와 기능

(1) 엔진(heat engine)의 정의

엔진이란 연료를 연소시켜 발생한 열에너지로 기계적 에너지인 크랭크축의 회전력을 얻는 장치이다. 건설기계는 연료소비율이 낮고 열효율이 높은 디젤엔진을 주로 사용한다.

① 4행정 사이클 엔진 : 4행정 사이클 엔진은 크랭크축이 2회전하고, 피스톤은 흡입 → 압축 → 폭발 → 배기의 4행정을 하여 1사이클을 완성한다.

② 2행정 사이클 엔진 : 2행정 사이클 엔진은 크랭크축 1회전(피스톤은 상승과 하강의 2행정뿐임)으로 1사이클을 완료하며 흡입 및 배기행정을 위한 독립된 행정이 없다.

(2) 엔진의 구성

엔진은 주요부분과 부속장치로 구분된다. 주요부분이란 동력을 발생하는 부분으로 실린더 헤드, 실린더 블록, 실린더, 피스톤-커넥팅로드, 크랭크축과 베어링, 플라이휠, 밸브와 밸브기구 등으로 구성된다. 그리고 부속장치에는 냉각장치, 윤활장치, 연료장치, 시동장치, 충전장치 등이 있다.

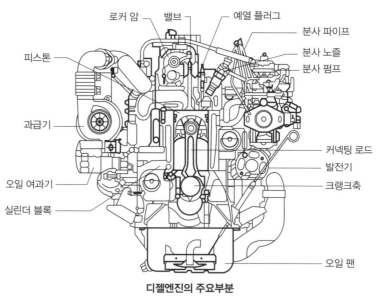

디젤엔진의 주요부분

① 실린더 헤드(cylinder head) : 실린더 헤드는 헤드개스킷을 사이에 두고 실린더 블록에 볼트로 설치되며, 피스톤 및 실린더와 함께 연소실을 형성한다. 실린더 헤드 아래쪽에는 연소실과 밸브 시트가 있고, 위쪽에는 예열플러그 및 분사노즐 설치구멍과 밸브기구의 설치부분이 있다.

실린더 헤드의 구조

② 실린더 블록(cylinder block) : 실린더 블록은 엔진의 기초 구조물이며, 위쪽에는 실린더 헤드가 설치되고, 아래 중앙부분에는 평면베어링을 사이에 누고 크랭크죽이 설치된다. 내부에는 피스톤이 왕복운동을 하는 실린더가 마련되어 있으며, 실린더 냉각을 위한 물재킷이 실린더를 둘러싸고 있다. 또 주위에는 밸브기구의 설치부분과 실린더 아래쪽에는 개스킷을 사이에 두고 오일 팬이 설치되어 엔진오일이 담겨진다.

실린더 블록의 구조(라이너 방식)

③ 피스톤과 커넥팅로드

- 피스톤(piston) : 피스톤은 실린더 내를 직선 왕복 운동을 하여 폭발행정에서의 고온·고압 가스로부터 받은 동력을 커넥팅로드를 통하여 크랭크축에 회전력을 발생시키고 흡입·압축 및 배기행정에서는 크랭크축으로부터 힘을 받아서 각각 작용을 한다.

- 커넥팅로드(connecting rod) : 커넥팅로드는 피스톤 핀과 크랭크축을 연결하는 막대이며, 피스톤의 왕복운동을 크랭크축으로 전달하는 작용을 한다. 소단부는 피스톤 핀에 연결되고, 대단부는 평면베어링을 통하여 크랭크 핀에 결합되어 있다.

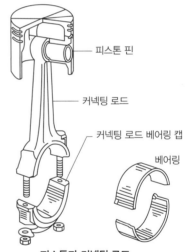

피스톤과 커넥팅 로드

④ 크랭크축(crank shaft) : 크랭크축은 폭발행정에서 얻은 피스톤의 동력을 회전운동으로 바꾸어 엔진의 출력을 외부로 전달하고, 흡입·압축 및 배기행정에서는 피스톤에 운동을 전달하는 회전축이다.

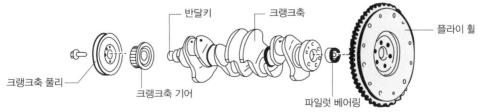

크랭크축과 플라이 휠 구조

⑤ 플라이휠(fly wheel) : 플라이휠은 엔진의 맥동적인 회전을 관성력을 이용하여 원활한 회전으로 바꾸어 주는 역할을 하는 부품이다.

⑥ 크랭크축 베어링(crank shaft bearing) : 크랭크축과 커넥팅로드 대단부에서는 평면베어링(미끄럼 베어링)을 사용한다.

⑦ 밸브기구(valve train) : 밸브기구는 캠축, 밸브리프터, 푸시로드, 로커 암, 밸브 등으로 구성된다.

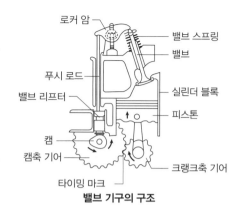

밸브 기구의 구조

캠축 (cam shaft)	캠축은 엔진의 밸브 수와 같은 수의 캠이 배열된 축이며, 기능은 크랭크축으로부터 동력을 받아 흡입 및 배기밸브를 개폐한다.
밸브 리프터 (또는 밸브 태핏)	밸브 리프터는 캠의 회전운동을 상하운동으로 바꾸어 푸시로드에 전달한다.
푸시로드와 로커 암 (push rod, rocker arm)	푸시로드는 로커 암을 작동시키는 것이며, 로커 암은 밸브를 개방한다.
밸브·밸브시트 및 밸브 스프링	• 흡배기 밸브 : 흡입 및 배기가스를 출입시키며 포핏 밸브를 사용한다. • 밸브시트 : 밸브 면과 밀착되어 연소실의 기밀을 유지하며 각도에는 30°와 45°가 있다. • 밸브 스프링 : 로커 암에 의해 열린 밸브를 닫아 주며, 밸브가 닫혀 있는 동안 밸브 면을 시트에 밀착시키고, 캠의 형상에 따라 개폐되도록 한다.

2 윤활장치 구조와 기능

윤활장치는 엔진의 작동을 원활하게 하고, 각 부분의 마찰로 인한 마멸을 방지하고자 엔진 각 작동부분에 오일을 공급한다.

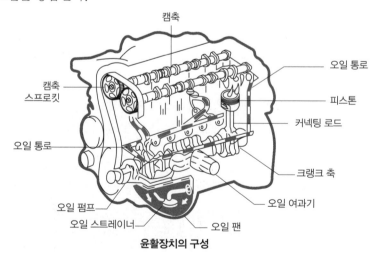

윤활장치의 구성

(1) 엔진오일의 작용

① 마찰감소 및 마멸방지 작용

② 실린더 내의 가스누출방지(밀봉, 기밀유지) 작용

③ 열전도(냉각) 작용

④ 세척(청정) 작용

⑤ 응력분산(충격완화) 작용

⑥ 부식방지(방청) 작용

(2) 엔진오일의 구비조건

① 점도지수가 커 온도와 점도와의 관계가 적당할 것

② 인화점 및 자연발화점이 높을 것

③ 강인한 유막을 형성할 것

④ 응고점이 낮고 비중과 점도가 적당할 것

⑤ 기포발생 및 카본생성에 대한 저항력이 클 것

(3) 윤활장치의 구성부품

① 오일 팬(oil pan) : 오일 팬은 엔진의 가장 아래쪽에 설치되어 있으며 엔진오일이 담겨지는 용기이다.

② 오일 스트레이너(oil strainer) : 오일 스트레이너는 오일 팬 속에 들어 있으며 가느다란 철망으로 되어있어 비교적 큰 불순물을 제거하고, 오일을 펌프로 유도해 준다.

③ 오일 펌프(oil pump) : 오일 펌프는 오일 팬 내의 오일을 흡입·가압하여 각 윤활부분으로 압송하며, 종류에는 기어 펌프, 베인 펌프, 로터리 펌프, 플런저 펌프 등이 있다.

④ 유압조절밸브(oil pressure relief valve) : 유압조절밸브는 윤활회로 내의 유압이 과다하게 상승하는 것을 방지하여 유압을 일정하게 유지해 준다.

⑤ 오일여과기(oil filter) : 오일여과기는 오일의 여과작용을 하며, 여과지 엘리먼트를 주로 사용한다.

⑥ 오일레벨게이지(oil level gauge, 유면표시기) : 오일레벨게이지는 오일 팬 내의 오일량을 점검할 때 사용하는 금속막대이며, F(full)와 L(low)표시가 있다. 오일량을 점검할 때에는 엔진의 가동이 정지된 상태에서 점검하며, 이때 F선 가까이 있으면 양호하다. 그리고 보충할 때에는 F선까지 보충한다.

⑦ 유압경고등 : 유압경고등은 유압이 규정 값 이하로 낮아지면 점등되는 형식이다. 유압경고등이 운전 중에 점등되면 즉시 엔진의 가동을 정지시키고 그 원인을 점검한다.

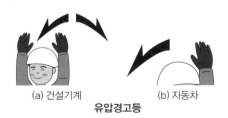

(a) 건설기계   (b) 자동차

유압경고등

3 연료장치 구조와 기능

(1) 기계제어 디젤엔진 연료장치

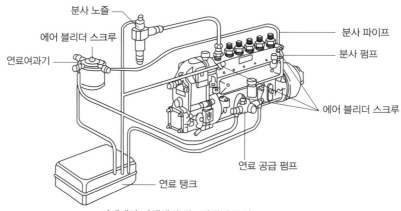

기계제어 디젤엔진 연료장치의 구성

① 연료탱크(fuel tank) : 연료탱크는 연료를 저장하는 용기이며, 특히 겨울철에는 공기 중의 수증기가 응축하여 물이 되어 들어가므로 연료탱크 내에 연료를 가득 채워 두어야 한다.

② 연료공급펌프(feed pump) : 연료공급펌프는 연료탱크 내의 연료를 흡입·가압하여 분사펌 프로 보내는 장치이며, 연료계통에 공기가 침입하였을 때 공기빼기작업을 하는 프라이밍 펌 프가 있다.

③ 연료여과기(fuel filter) : 연료여과기는 연료 속의 먼지나 수분을 제거 분리한다.

④ 분사펌프(injection pump) : 분사펌프는 연료공급펌프에서 보내준 저압의 연료를 고압으 로 형성하여 분사노즐로 보낸다. 그 구조는 펌프 하우징, 캠축, 태핏, 플런저와 배럴, 딜리버 리 밸브, 분사시기 조정용 타이머, 연료분사량 조정용 조속기 등으로 되어있다.

⑤ 분사노즐(injection nozzle) : 분사노즐은 분사펌프에서 보내준 고압의 연료를 미세한 안개 모양으로 연소실 내에 분사한다.

(2) 전자제어 디젤엔진 연료장치(커먼레일 방식)

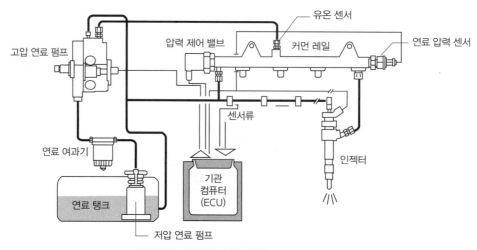

전자제어 디젤기관의 연료장치

① 저압연료펌프 : 연료펌프 릴레이로부터 전원을 받아 작동하며, 저압의 연료를 고압연료펌프로 보낸다.

② 연료여과기 : 연료 속의 수분 및 이물질을 여과하며, 연료 가열장치가 설치되어 있어 겨울철에 냉각된 엔진을 시동할 때 연료를 가열한다.

③ 고압연료펌프 : 저압연료펌프에서 공급된 연료를 약 1,350bar의 높은 압력으로 압축하여 커먼레일로 보낸다.

④ 커먼레일(common rail) : 고압연료펌프에서 공급된 연료를 저장하며, 연료를 각 실린더의 인젝터로 분배해 준다. 연료압력센서와 연료압력 조절밸브가 설치되어 있다.

⑤ 연료압력 조절밸브 : 고압연료펌프에서 커먼레일에 압송된 연료의 복귀량을 제어하여 엔진 작동상태에 알맞은 연료압력으로 제어한다.

⑥ 고압파이프 : 커먼레일에 공급된 높은 압력의 연료를 각 인젝터로 공급한다.

⑦ 인젝터 : 높은 압력의 연료를 컴퓨터의 전류제어를 통하여 연소실에 미립형태로 분사한다.

(3) 전자제어 디젤엔진 연료장치의 장점

① 유해배출가스를 감소시킬 수 있다.

② 연료소비율을 향상시킬 수 있다.

③ 엔진의 성능을 향상시킬 수 있다.

④ 운전성능을 향상시킬 수 있다.

⑤ 밀집된(compact) 설계 및 경량화를 이룰 수 있다.

⑥ 모듈(module)화 장치가 가능하다.

(4) 전자제어 디젤엔진의 연소과정

① 파일럿 분사(pilot injection, 착화분사) : 파일럿 분사는 주 분사가 이루어지기 전에 연료를 분사하여 연소가 원활히 되도록 한다.

② 주 분사(main injection) : 주 분사는 파일럿 분사 실행 여부를 고려하여 연료분사량을 조절한다.

③ 사후분사(post injection) : 사후분사는 유해배출가스 감소를 위해 사용한다.

(5) 컴퓨터(ECU)의 입력 요소

① 연료압력 센서(RPS, rail pressure sensor) : 커먼레일 내의 연료압력을 검출하여 컴퓨터(ECU)로 입력시킨다.

② 공기유량 센서(AFS, air flow sensor) : 열막 방식을 이용한다. 작용은 EGR(배기가스 재순환) 피드백 제어이며, 스모그 제한 부스터 압력제어용으로 사용한다.

③ 흡기온도 센서(ATS, air temperature sensor) : 부특성 서미스터를 사용하며, 각종 제어(연료분사량, 분사시기, 엔진을 시동할 때 연료분사량 제어 등)의 보정신호로 사용된다.

④ 연료온도 센서(FTS, fuel temperature sensor) : 부특성 서미스터를 사용하며, 연료온도에 따른 연료분사량 보정신호로 사용된다.

⑤ 수온 센서(WTS, water temperature sensor) : 부특성 서미스터를 사용하며 냉간시동에서 연료분사량을 증가시켜 원활한 시동이 될 수 있도록 엔진의 냉각수 온도를 검출한다.

⑥ 크랭크축위치 센서(CPS, crank shaft position sensor) : 크랭크축과 일체로 된 센서 휠 (sensor wheel)의 돌기를 검출하여 크랭크축의 각도 및 피스톤의 위치, 엔진 회전속도 등을 검출한다.

⑦ 캠축위치 센서(CMP, cam shaft position sensor) : 캠축에 설치되어 캠축 1회전(크랭크축 2회전)당 1개의 펄스신호를 발생시켜 컴퓨터로 입력시킨다.

⑧ 가속페달위치 센서(APS, accelerator sensor) : 운전자의 의지를 컴퓨터로 전달하는 센서이 며, 센서 1에 의해 연료분사량과 분사시기가 결정되고, 센서 2는 센서 1을 감시하는 기능으로 차량의 급출발을 방지하기 위한 것이다.

4 흡배기장치 구조와 기능

(1) 공기청정기(air cleaner)

공기청정기는 흡입공기 여과와 흡입소음을 감소시키는 작용을 하며, 엘리먼트가 막히면 배기 가스 색깔은 흑색이 되며, 엔진의 출력이 저하한다.

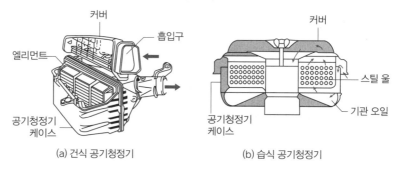

공기청정기의 종류

(a) 건식 공기청정기   (b) 습식 공기청정기

(2) 과급기(turbo charger)

과급기(터보차저)는 흡입공기량을 증가시켜 엔진의 출력을 증대(엔진의 중량은 10~15% 정도 증가하나 출력은 35~45% 증가)시키는 장치이다.

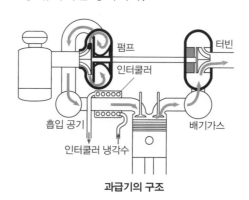

과급기의 구조

(3) 소음기(머플러, muffler)

소음기를 부착하면 배기소음은 작아지나, 배기가스의 배출이 늦어져 엔진의 출력이 저하된다. 또 소음기에 카본이 많이 끼면 엔진이 과열하며, 피스톤에 배압이 커져 출력이 저하된다.

5 냉각장치 구조와 기능

냉각장치는 작동 중인 엔진의 온도를 75~95℃(실린더 헤드 물재킷 내의 온도)로 유지하기 위한 것이다.

(1) 수랭식 냉각장치의 구조

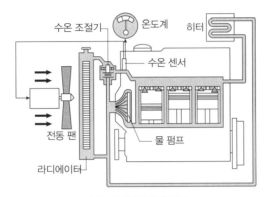

수랭식 냉각장치의 구조

① 물 재킷(water jacket) : 물 재킷은 실린더 블록과 헤드에 마련된 냉각수 통로이다.

② 물 펌프(water pump) : 크랭크축 풀리에서 팬 벨트(V형 벨트)로 구동되며 냉각수를 순환시킨다.

③ 냉각팬(cooling fan) : 물 펌프 축과 함께 회전하면서 라디에이터를 통하여 공기를 흡입하여 라디에이터 냉각을 도와준다. 최근에는 냉각수 온도에 따라 작동하는 전동 팬을 사용한다.

④ 팬 벨트(fan belt) : 고무제 V벨트이며 풀리와의 접촉은 양쪽 경사진 부분에 접촉되어야 하며, 풀리의 밑 부분에 접촉하면 미끄러진다. 팬 벨트는 풀리의 회전을 정지시킨 후 걸어야 한다.

⑤ 라디에이터(radiator, 방열기) : 라디에이터는 엔진 내에서 뜨거워진 냉각수를 냉각시키는 기구이다.

⑥ 라디에이터 캡 : 라디에이터 캡은 냉각장치 내의 비등점(끓는점)을 높이기 위해 압력식 캡을 사용한다.

⑦ 수온조절기(thermostat, 정온기) : 수온조절기는 냉각수 온도에 따라 개폐되어 엔진의 온도를 알맞게 유지한다.

(2) 냉각수와 부동액

① 냉각수 : 냉각수는 증류수·빗물·수돗물 등의 연수를 사용한다.

② 부동액 : 에틸렌글리콜, 메탄올(알코올), 글리세린 등이 있으며, 현재는 에틸렌글리콜을 주

로 사용한다. 에틸렌글리콜을 물과 50 : 50의 비율로 혼합하면 −45℃까지도 얼지 않으며, 팽창계수과 금속부식성이 크기 때문에 정기적으로(2~3년) 교환하여야 한다.

(3) 엔진의 과열 원인

① 팬 벨트의 장력이 적거나 파손되었을 때
② 냉각팬이 파손되었을 때
③ 라디에이터 호스가 파손되었을 때
④ 라디에이터 코어가 20% 이상 막혔을 때
⑤ 라디에이터 코어가 파손되었거나 오손되었을 때
⑥ 물 펌프의 작동이 불량하거나 고장이 났을 때
⑦ 수온조절기(정온기)가 닫힌 채 고장이 났을 때
⑧ 수온조절기가 열리는 온도가 너무 높을 때
⑨ 물재킷 내에 스케일(물때)이 많이 쌓여 있을 때
⑩ 냉각수 양이 부족할 때

---

02 전기장치

1 축전지 구조와 기능

(1) 축전지의 정의

축전지는 전류의 화학작용을 이용하며, 화학적 에너지를 전기적 에너지로 바꾸는 장치이고, 엔진 시동용으로 납산축전지를 주로 사용한다.

(2) 축전지의 기능

① 시동장치의 전기적 부하를 담당한다(가장 중요한 기능이다).
② 발전기가 고장일 경우 주행전원으로 작동한다.
③ 운전 상태에 따른 발전기 출력과 부하와의 불균형을 조정한다.

(3) 납산 축전지의 구조

① 납산 축전지의 양극판·음극판의 작용 : 양(+)극판은 과산화납(PbO_2)이고, 음(−)극판은 해면상납(Pb)이다. 방전하면 양극판의 과산화납과 음극판의 해면상납이 묽은 황산(H_2SO_4)과 화학반응을 하여 모두 황산납($PbSO_4$)으로 변화하면서 전기를 발생시킨다. 엔진이 가동되면 발전기가 구동되어 방전된 축전지를 충전시킨다. 충전 말기에 전기가 전해액 중의 증류수(H_2O)를 분해하여 양극에서는 산소(O)가, 음극에서는 수소(H_2)가 발생하므로 이때 불꽃(스파크)을 일으키거나 충격을 가하면 폭발할 위험성이 있다.

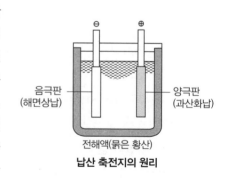

음극판
(해면상납)

양극판
(과산화납)

전해액(묽은 황산)
납산 축전지의 원리

② 전해액 : 전해액은 무색·무취의 묽은 황산(H_2SO_4)이며, 양쪽 극판과의 화학작용으로부터 얻어진 전류의 저장 및 발생 그리고 셀 내부의 전기적 전도 기능도 한다.

(4) 축전지 연결에 따른 용량과 전압의 변화

① 직렬 연결 : 같은 전압, 같은 용량의 축전지 2개 이상을 (+)단자와 다른 축전지의 (-)단자에 연결하는 방법이며, 이때 전압은 연결한 개수만큼 증가하고 용량(전류)은 1개일 때와 같다.

② 병렬 연결 : 같은 전압, 같은 용량의 축전지 2개 이상을 (+)단자는 다른 축전지의 (+)단자에, (-)단자는 (-)단자에 연결하는 방법이며, 이때 용량(전류)은 연결한 개수만큼 증가하고 전압은 1개일 때와 같다.

축전지 연결 방법

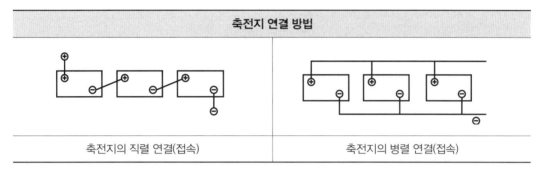

| 축전지의 직렬 연결(접속) | 축전지의 병렬 연결(접속) |

(5) MF(maintenance free battery) 축전지

MF 축전지는 자기방전이나 화학반응을 할 때 발생하는 가스로 인한 전해액 감소를 방지하고, 축전지 점검·정비를 줄이기 위해 개발된 것이며 다음과 같은 특징이 있다.

① 증류수를 점검하거나 보충하지 않아도 된다.

② 자기방전 비율이 매우 낮다.

③ 장기간 보관이 가능하다.

④ 증류수를 전기분해할 때 발생하는 산소와 수소가스를 촉매마개를 사용하여 증류수로 환원시킨다.

(6) 축전지 단자에서 케이블 탈착 및 부착 순서

① 케이블을 떼어낼 때에는 (-)단자(접지단자)의 케이블을 먼저 떼어낸 다음 (+)단자의 케이블을 떼어낸다.

② 케이블을 설치할 때에는 (+)단자의 케이블을 먼저 연결한 다음 (-)단자의 케이블을 연결한다.

(7) 축전지를 충전할 때 주의사항

① 환기가 잘 되는 장소에서 충전을 실시할 것

② 불꽃이나 인화물질의 접근을 금지할 것

③ 축전지 전해액의 온도가 45℃ 이상 되지 않도록 할 것

④ 전해액이 흘러넘치는 경우에 대비하여 탄산소다나 암모니아수를 준비할 것

⑤ 각 셀의 벤트플러그는 열어둘 것(MF 축전지는 제외)

⑥ 충전 중인 축전지에 충격을 가하지 말 것

2 시동장치 구조와 기능

내연기관은 자기시동(self starting)이 불가능하므로 외부의 힘을 이용하여 크랭크축을 회전시
켜야 한다. 이때 필요한 장치가 기동전동기와 축전지이다. 기동전동기의 원리는 계자철심 내에
설치된 전기자에 전류를 공급하면 전기자는 플레밍의 왼손법칙에 따르는 방향의 힘을 받는다.

(1) 기동전동기의 구조

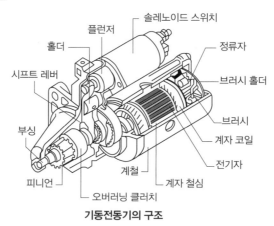

기동전동기의 구조

① 전기자(armature) : 전기자는 회전력을 발생하는 부분이며, 전기자 철심은 자력선의 통과
를 쉽게 하고 맴돌이 전류를 감소시키기 위해 성층철심으로 되어 있다.

② 정류자(commutator) : 정류자는 브러시에서의 전류를 일정한 방향으로만 흐르게 한다.

③ 계철(yoke) : 계철은 자력선의 통로와 전동기의 틀이며, 안쪽에 계자철심이 있고 여기에 계
자코일이 감겨진다. 계자코일에 전류가 흐르면 계자철심이 전자석이 된다.

④ 브러시와 브러시 홀더(brush & brush holder) : 브러시는 정류자를 통하여 전기자 코일에
전류를 출입시키며, 브러시는 1/3 이상 마모되면 교환한다. 브러시는 일반적으로 4개를 사
용한다.

⑤ 오버러닝 클러치(over running clutch) : 전기자 축에 설치되어 있으며, 엔진을 시동할 때
기동전동기의 피니언과 엔진 플라이휠 링 기어가 물렸을 때 양 기어의 물림이 풀리는 것을
방지한다. 엔진이 시동된 후에는 기동전동기 피니언이 공회전하여 플라이휠 링기어에 의해
엔진의 회전력이 기동전동기에 전달되지 않도록 한다.

⑥ 솔레노이드 스위치(solenoid switch) : 마그넷 스위치라고도 부르며, 기동전동기의 전자석
스위치이며, 풀인 코일(pull-in coil)과 홀드인 코일(hold-in coil)로 되어 있다.

(2) 기동장치 사용방법

① 기동전동기 연속 사용시간은 5~10초 정도로 하고, 엔진이 시동이 되지 않으면 다른 부분을
점검한 후 다시 시동한다.

② 엔진이 시동된 후에는 시동스위치를 조작해서는 안 된다.

③ 기동전동기의 회전속도가 규정 이하이면 오랜 시간 연속운전 시켜도 엔진이 시동되지 않으
므로 회전속도에 유의한다.

(3) 예열장치(glow system)

디젤엔진은 압축착화방식이므로 한랭한 상태에서는 경유가 잘 착화하지 못해 시동이 어렵다. 따라서 예열장치는 연소실이나 흡기다기관 내의 공기를 미리 가열하여 시동이 쉽도록 하는 장치이다.

① 예열플러그(glow plug type) : 예열플러그는 예연소실식, 와류실식 등에 사용하며, 연소실에 설치된다. 그 종류에는 코일형과 실드형이 있고, 현재는 실드형을 사용한다.

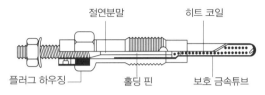

실드형 예열 플러그의 구조

② 히트레인지(heat range) : 히트레인지는 직접분사실식에서 사용하며, 흡기다기관에 설치된 열선에 전원을 공급하여 발생되는 열에 의해 흡입되는 공기를 가열하는 방식이다.

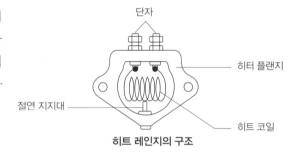

히트 레인지의 구조

3 충전장치 구조와 기능

(1) 발전기의 원리

N, S극에 의한 스테이터 코일 내에서 로터를 회전시키면 플레밍의 오른손 법칙에 따라 기전력이 발생한다.

(2) 교류발전기(alternator, 알터네이터)의 구조

① 스테이터(stator, 고정자) : 스테이터는 전류가 발생하는 부분이며, 3상 교류가 유기된다.
② 로터(rotor, 회전자) : 로터는 브러시를 통하여 여자전류를 받아서 자속을 만든다.
③ 다이오드(diode, 정류기) : 다이오드는 스테이터에서 발생한 교류를 직류로 정류하여 외부로 공급하고, 축전지의 전류가 발전기로 역류하는 것을 방지한다.

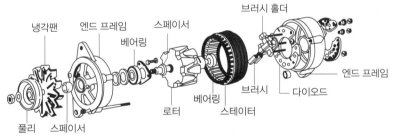

교류 발전기의 구조

4 등화 및 계기장치 구조와 기능

전조등은 좌우램프별로 병렬로 연결되며, 형식에는 실드 빔형과 세미 실드 빔형이 있다.
① 실드 빔형(shield beam type) : 반사경·렌즈 및 필라멘트가 일체로 된 형식이다.

② 세미 실드 빔형(semi shield beam type) : 반사경·렌즈 및 필라멘트가 별도로 되어 있어 필라멘트가 단선되면 전구를 교환하면 된다.

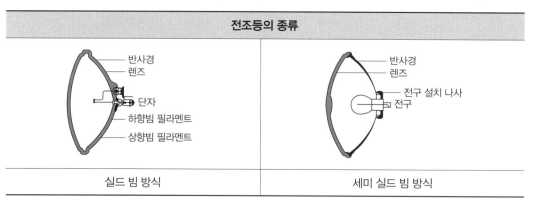

전조등의 종류	
실드 빔 방식	세미 실드 빔 방식

03 유압일반

1 유압유

(1) 파스칼의 원리(pascal's principle)

파스칼의 원리란 밀폐된 용기 내에 액체를 가득 채우고 그 용기에 힘을 가하면 그 내부압력은 용기의 각 면에 수직으로 작용하며, 용기 내의 어느 곳이든지 똑같은 압력으로 작용한다.

(2) 유압장치의 장점 및 단점

① 유압장치의 장점
- 작은 동력원으로 큰 힘을 낼 수 있고, 정확한 위치제어가 가능하다.
- 운동방향을 쉽게 변경할 수 있고, 에너지 축적이 가능하다.
- 과부하 방지가 간단하고 정확하다.
- 원격제어가 가능하고, 속도제어가 쉽다.
- 무단변속이 가능하고 작동이 원활하다.
- 윤활성, 내마멸성, 방청성이 좋다.
- 힘의 전달 및 증폭과 연속적 제어가 쉽다.

② 유압장치의 단점
- 고압사용으로 인한 위험성 및 이물질에 민감하다.
- 유압유의 온도에 따라서 점도가 변화하여 기계의 속도가 변화하므로 정밀한 속도와 제어가 곤란하다.
- 폐유에 의해 주위환경이 오염될 수 있다.
- 유압유는 가연성이 있어 화재에 위험하다.
- 회로구성이 어렵고 누설되는 경우가 있다.
- 에너지의 손실이 크며, 파이프를 연결한 곳에서 유압유가 누출될 우려가 있다.
- 구조가 복잡하므로 고장원인의 발견이 어렵다.

(3) 유압유의 구비조건

① 강인한 유막을 형성할 수 있을 것

② 적당한 점도와 유동성이 있을 것

③ 비중이 적당하고, 인화점 및 발화점이 높을 것

④ 물·먼지 및 공기 등을 신속히 분리할 수 있을 것

⑤ 압축성이 없고 윤활성이 좋을 것

⑥ 점도와 온도의 관계가 좋을 것(점도지수가 클 것)

⑦ 물리적·화학적 변화가 없고 안정이 될 것

⑧ 체적탄성계수가 크고, 밀도가 작을 것

⑨ 유압장치에 사용되는 재료에 대하여 불활성일 것

⑩ 독성과 휘발성이 없을 것

(4) 유압유의 관리

① 유압유의 오염과 열화 원인
- 유압유의 온도가 너무 높을 때
- 다른 유압유와 혼합하여 사용하였을 때
- 먼지·수분 및 공기 등의 이물질이 혼입되었을 때

② 열화를 찾아내는 방법
- 색깔의 변화 및 수분·침전물의 유무를 확인한다.
- 흔들었을 때 거품이 없어지는 양상을 확인한다.
- 자극적인 악취 유무를 확인한다.

(5) 유압유의 온도

난기운전을 할 때에는 유압유의 온도가 30℃ 이상이 되도록 하여야 하며, 사용 적정 온도는 40~80℃이다.

2 유압펌프, 유압실린더 및 유압모터

(1) 유압펌프(hydraulic pump)

유압펌프는 엔진이나 전동기의 기계적 에너지를 받아서 유압에너지로 변환시키는 장치이며 기어펌프, 플런저펌프, 베인펌프 등이 있다.

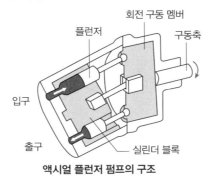

액시얼 플런저 펌프의 구조

(2) 유압 액추에이터(작업기구)

유압펌프에서 보내준 유압유의 압력 에너지를 직선운동이나 회전운동을 하여 기계적인 일을 하는 기구이며, 유압실린더와 유압모터가 있다.

① 유압실린더(hydraulic cylinder)

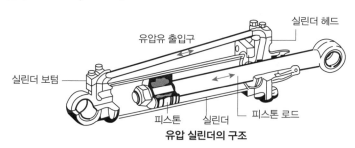

유압 실린더의 구조

- 유압실린더는 실린더, 피스톤, 피스톤 로드로 구성된 직선왕복 운동을 하는 액추에이터이다.
- 종류에는 단동실린더, 복동실린더(싱글로드형과 더블로드형), 다단실린더, 램형실린더 등이 있다.

② 유압모터(hydraulic motor) : 유압모터는 유압 에너지에 의해 연속적으로 회전 운동하여 기계적인 일을 하는 장치이다. 종류에는 기어모터, 베인모터, 플런저모터가 있다.

장점	• 넓은 범위의 무단변속이 용이하다. • 소형·경량으로서 큰 출력을 낼 수 있다. • 구조가 간단하며, 과부하에 대해 안전하다. • 정·역회전 변화가 가능하다. • 자동원격조작이 가능하고 작동이 신속·정확하다. • 전동모터에 비하여 급속 정지가 쉽다. • 속도나 방향의 제어가 용이하다. • 회전체의 관성이 작아 응답성이 빠르다.
단점	• 유압유의 점도변화에 의하여 유압모터의 사용에 제약이 있다. • 유압유는 인화하기 쉽다. • 유압유에 먼지나 공기가 침입하지 않도록 특히 보수에 주의해야 한다. • 공기와 먼지 등이 침투하면 성능에 영향을 준다.

3 제어밸브

제어밸브(control valve)란 유압유의 압력, 유량 또는 방향을 제어하는 밸브의 총칭이다.

- 일의 크기를 결정하는 압력제어밸브
- 일의 속도를 결정하는 유량제어밸브
- 일의 방향을 결정하는 방향제어밸브

(1) 압력제어밸브(pressure control valve)

① 릴리프 밸브(relief valve) : 유압펌프 출구와 방향제어밸브 입구 사이에 설치되어 있다. 유압장치 내의 압력을 일정하게 유지하고, 최고압력을 제한하며 회로를 보호하며, 과부하 방지와 유압기기의 보호를 위하여 최고압력을 규제한다.

② 감압 밸브(리듀싱 밸브, reducing valve) : 유압회로에서 메인 유압보다 낮은 압력으로 유압 액추에이터를 동작시키고자 할 때 사용한다. 상시 개방 상태로 되어있다가 출구(2차 쪽)의 압력이 감압밸브의 설정 압력보다 높아지면 밸브가 작용하여 유로를 닫는다.

③ 시퀀스 밸브(sequence valve) : 유압원에서의 주회로부터 유압실린더 등이 2개 이상의 분기회로를 가질 때, 각 유압실린더를 일정한 순서로 순차 작동시킨다.

④ 무부하 밸브(unloader valve, 언로드 밸브) : 유압회로 내의 압력이 설정 압력에 도달하면 유압펌프에서 토출된 유압유를 모두 오일탱크로 회송시켜 유압펌프를 무부하로 운전시키는 데 사용한다.

⑤ 카운터 밸런스 밸브(counter balance valve) : 체크 밸브가 내장되는 밸브로서 유압회로의 한 방향의 흐름에 대해서는 설정된 배압을 생기게 하고, 다른 방향의 흐름은 자유롭게 흐르도록 한다.

(2) 유량제어밸브(flow control valve)

① 액추에이터의 운동 속도를 조정하기 위하여 사용한다.

② 종류에는 속도제어 밸브, 급속배기 밸브, 분류 밸브, 니들 밸브, 오리피스 밸브, 교축 밸브(스로틀 밸브), 스로틀 체크 밸브, 스톱 밸브 등이 있다.

(3) 방향제어밸브(direction control valve)

① 스풀 밸브(spool valve) : 액추에이터의 방향제어 밸브이며, 원통형 슬리브 면에 내접하여 축 방향으로 이동하여 유로를 개폐하는 형식의 밸브이다.

② 체크 밸브(check valve) : 유압회로에서 역류를 방지하고 회로 내의 잔류압력을 유지한다. 즉 유압유의 흐름을 한쪽으로만 허용하고 반대 방향의 흐름을 제어한다.

③ 셔틀 밸브(shuttle valve) : 2개 이상의 입구와 1개의 출구가 설치되어 있으며, 출구가 최고압력의 입구를 선택하는 기능을 가진 밸브이다.

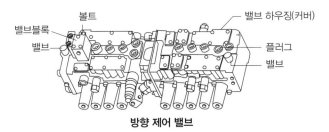

방향 제어 밸브

4 유압회로 및 유압기호

(1) 속도제어회로(speed control circuit)

① 미터-인 회로(meter-in circuit) : 액추에이터의 입구 쪽 관로에 직렬로 설치한 유량제어 밸브로 유량을 제어하여 속도를 제어한다.

② 미터-아웃 회로(meter-out circuit) : 액추에이터의 출구 쪽 관로에 직렬로 설치한 유량제어 밸브로 유량을 제어하여 속도를 제어한다.

③ 블리드 오프 회로(bleed off circuit) : 유량제어밸브를 실린더와 병렬로 설치하여 유압펌프 토출량 중 일정한 양을 탱크로 되돌려 속도를 제어한다.

(2) 기호회로도에 사용되는 유압기호의 표시방법

① 기호에는 흐름의 방향을 표시한다.

② 기호는 정상상태 또는 중립상태를 표시한다.

③ 오해의 위험이 없는 경우에는 기호를 회전하거나 뒤집어도 된다.

④ 기호에는 각 기기의 구조나 작용압력을 표시하지 않는다.

⑤ 기호가 없어도 바르게 이해할 수 있는 경우에는 드레인 관로를 생략해도 된다.

5 그 밖의 부속장치

(1) 유압유 탱크(hydraulic oil tank)의 기능

① 적정 유량의 확보

② 유압유의 기포 발생 방지 및 기포의 소멸

③ 적정 유압유 온도 유지

(2) 어큐뮬레이터(accumulator, 축압기)

① 유압펌프에서 발생한 유압을 저장하고, 맥동을 소멸시키고 유압 에너지의 저장, 충격흡수 등에 이용하는 기구이다.

② 블래더형 어큐뮬레이터(축압기)의 고무주머니 내에는 질소가스를 주입한다.

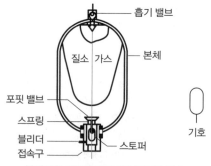

블래더형 어큐뮬레이터의 구조와 기호

(3) 유압 파이프와 호스

유압 파이프는 강철 파이프를 사용하고, 유압호스는 나선 블레이드 호스를 사용하며 유니언 이음(union coupling)이 되어있다.

(4) 실(seal)

유압회로의 유압유 누출을 방지하기 위해 사용하며 재질은 합성고무, 우레탄 등이며 종류에는 O-링, U-패킹, 금속패킹, 더스트 실 등이 있다. 유압실린더의 피스톤 부분에는 금속패킹, 고압작동 부분에는 U-패킹을 사용한다.

모의고사편

CBT(Computer Based Test) 시험 안내

2017년부터 모든 기능사 필기시험은 시험장의 컴퓨터를 통해 이루어집니다. 화면에 나타난 문제를 풀고 마우스를 통해 정답을 표시하여 모든 문제를 다 풀었는지 한 번 더 확인한 후 답안을 제출하고, 제출된 답안은 감독자의 컴퓨터에 자동으로 저장되는 방식입니다. 처음 응시하는 학생들은 시험 환경이 낯설어 실수할 수 있으므로, 반드시 사전에 CBT 시험에 대한 충분한 연습이 필요합니다. Q-Net 홈페이지에서는 CBT 체험하기를 제공하고 있으니, 잘 활용하기를 바랍니다.

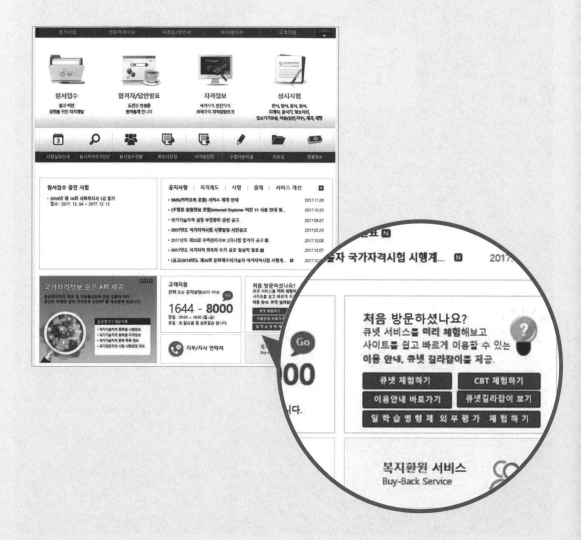

〈http://www.q-net.or.kr〉

1 큐넷 홈페이지에서 CBT 필기 자격시험 체험하기 클릭

2 수험자 정보 확인과 안내사항, 유의사항 읽어보기

3 CBT 화면 메뉴 설명 확인하기

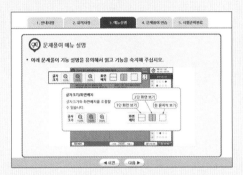

4 문제 풀이 실습 체험해 보기

5 답안 제출, 최종 확인 및 시험 완료

 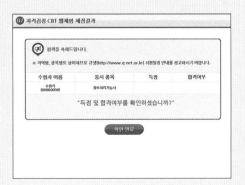

수험번호 :

수험자명 :

제한 시간 : 60분
남은 시간 : 60분

전체 문제 수 : 60
안 푼 문제 수 :

답안 표기란

1 ① ② ③ ④
2 ① ② ③ ④
3 ① ② ③ ④
4 ① ② ③ ④

1 디젤기관만이 가지고 있는 부품은?

① 발전기　　　　　② 분사 노즐
③ 연료 펌프　　　　④ 워터 펌프

2 굴착기의 작업 안전사항으로 적합하지 않은 것은?

① 스윙하면서 버킷으로 암석을 부딪쳐 파쇄하는 작업을 하지 않는다.
② 안전한 작업 반경을 초과해서 하중을 이동시킨다.
③ 굴삭하면서 주행하지 않는다.
④ 작업을 중지할 때는 파낸 모서리로부터 굴착기를 이동시킨다.

3 도로교통법에서 안전지대의 정의에 관한 설명으로 옳은 것은?

① 버스정류장 표지가 있는 장소
② 자동차가 주차할 수 있도록 설치된 장소
③ 도로를 횡단하는 보행자나 통행하는 차마의 안전을 위하여 안전 표지 등으로 표시된 도로의 부분
④ 사고가 잦은 장소에 보행자의 안전을 위하여 설치한 장소

4 유압유에 점도가 서로 다른 2종류의 오일을 혼합하였을 경우에 대한 설명으로 옳은 것은?

① 유압유 첨가제의 좋은 부분만 작동하므로 오히려 더욱 좋다.
② 점도가 달라지나 사용에는 전혀 지장이 없다.
③ 혼합은 권장사항이며, 사용에는 전혀 지장이 없다.
④ 열화현상을 촉진시킨다.

5 엔진이 시동된 후에는 피니언이 공회전하여 링 기어에 의해 엔진의 회전력이 기동전동기에 전달되지 않도록 하는 장치는?

① 피니언
② 전기자
③ 오버 러닝 클러치
④ 정류자

6 무한궤도식 굴착기의 주행방법 중 잘못된 것은?

① 가능하면 평탄한 길을 택하여 주행한다.
② 요철이 심한 곳에서는 엔진 회전수를 높여 통과한다.
③ 돌이 주행모터에 부딪치지 않도록 한다.
④ 연약한 땅을 피해서 간다.

7 건설기계 등록신청에 대한 설명으로 옳은 것은?(단, 전시·사변 등 국가비상사태 하의 경우 제외)

① 시·군·구청장에게 취득한 날로부터 10일 이내 등록신청을 한다.
② 시·도지사에게 취득한 날로부터 15일 이내 등록신청을 한다.
③ 시·군·구청장에게 취득한 날로부터 1개월 이내 등록신청을 한다.
④ 시·도지사에게 취득한 날로부터 2개월 이내 등록신청을 한다.

8 방향 제어 밸브의 조작방식에서 단동 솔레노이드 기호는?

① ② ③ ④

9 디젤기관의 노킹 발생 시 방지대책에 해당되지 않는 것은?

① 착화성이 좋은 연료를 사용할 것
② 연료분사 시 공기온도를 높게 유지할 것
③ 연소실 벽 온도를 높게 유지할 것
④ 압축비를 낮게 유지할 것

답안 표기란				
5	①	②	③	④
6	①	②	③	④
7	①	②	③	④
8	①	②	③	④
9	①	②	③	④

10 도로교통법상 주차 금지 장소가 아닌 것은?

① 상가 앞 도로의 5m 이내의 지점

② 주차 금지 표지가 설치된 곳

③ 소방용 방화물통으로부터 5m 이내의 지점

④ 화재경보기로부터 3m 이내의 지점

11 타이어식 굴착기의 정기검사 유효 기간은?

① 3년   ② 6개월

③ 2년   ④ 1년

12 무한궤도식 굴착기에서 하부주행체 동력전달 순서로 옳은 것은?

① 유압 펌프 → 제어 밸브 → 센터 조인트 → 주행 모터

② 유압 펌프 → 제어 밸브 → 주행 모터 → 자재 이음

③ 유압 펌프 → 센터 조인트 → 제어 밸브 → 주행 모터

④ 유압 펌프 → 센터 조인트 → 주행 모터 → 자재 이음

13 온도에 따르는 오일의 점도 변화 정도를 표시하는 것은?

① 점도분포   ② 점도

③ 점도지수   ④ 윤활성능

14 무한궤도식 굴착기의 상부회전체가 하부주행체에 대한 역위치에 있을 때 좌측 주행 레버를 당기면 차체가 어떻게 회전되는가?

① 좌향 스핀 회전   ② 우향 스핀 회전

③ 좌향 피벗 회전   ④ 우향 피벗 회전

답안 표기란				
10	①	②	③	④
11	①	②	③	④
12	①	②	③	④
13	①	②	③	④
14	①	②	③	④

15 기관 과열의 주요 원인이 아닌 것은?

① 라디에이터 코어의 막힘

② 냉각장치 내부의 물때 과다

③ 냉각수의 부족

④ 오일압력 과다

16 무한궤도형 굴착기에서 하부롤러, 링크 등 트랙 부품이 조기 마모되는 원인은?

① 일반 객토에서 작업을 하였을 때

② 트랙장력 실린더에서 그리스가 누유될 때

③ 겨울철에 작업을 하였을 때

④ 트랙장력이 너무 팽팽했을 때

17 축전지의 구비조건이 아닌 것은?

① 축전지의 용량이 클 것

② 전기적 절연이 완전할 것

③ 가급적 크고, 다루기 쉬울 것

④ 전해액의 누출 방지가 완전할 것

18 엔진의 윤활유 소비량이 과대해지는 가장 큰 원인은?

① 기관이 과냉되었을 때

② 피스톤과 실린더 마멸이 클 때

③ 오일 여과기가 불량할 때

④ 냉각수 펌프가 손상되었을 때

19 교류 발전기에 사용되는 반도체인 다이오드를 냉각하기 위한 것은?

① 냉각튜브

② 유체 클러치

③ 히트 싱크

④ 엔드 프레임에 설치된 오일장치

답안 표기란

20 ① ② ③ ④
21 ① ② ③ ④
22 ① ② ③ ④
23 ① ② ③ ④
24 ① ② ③ ④

20 도로에서 위험을 방지하고 교통의 안전과 원활한 소통을 확보하기 위하여 필요하다고 인정하는 때에 구역 또는 구간을 지정하여 자동차의 속도를 제한할 수 있는 자는?(단, 고속도로를 제외한 도로)

① 지방경찰청장
② 경찰서장
③ 구청장
④ 시·도지사

21 작동유(유압유) 속에 용해공기가 기포로 발생하여 소음과 진동이 발생되는 현상은?

① 인화 현상
② 노킹 현상
③ 조기착화 현상
④ 캐비테이션 현상

22 야간 작업 시 전조등이 한 쪽만 점등되었을 경우 고장 원인으로 틀린 것은?

① 전조등 스위치 불량
② 전구 접지 불량
③ 한 쪽 회로의 퓨즈 단선
④ 전구 불량

23 건설기계관리법상 건설기계에 해당되지 않는 것은?

① 자체 중량 2톤 이상의 로더
② 노상안정기
③ 천장크레인
④ 콘크리트 살포기

24 교통정리가 행하여지지 않는 교차로에서 통행의 우선권이 가장 큰 차량은?

① 이미 교차로에 진입하여 좌회전하고 있는 차량이다.
② 좌회전하려는 차량이다.
③ 우회전하려는 차량이다.
④ 직진하려는 차량이다.

25 유압회로에서 유량제어를 통하여 작업속도를 조절하는 방식에 속하지 않는 것은?

① 미터 인(Meter in) 방식
② 미터 아웃(Meter out) 방식
③ 블리드 오프(Bleed off) 방식
④ 오픈 회로(Open circuit) 방식

26 술에 취한 상태의 기준은 혈중 알코올 농도가 최소 몇 % 이상인 경우인가?

① 0.25% ② 0.03%
③ 1.25% ④ 1.50%

27 건설기계관리법상 제작자로부터 건설기계를 구입한 자가 별도로 계약하지 않을 경우에 무상으로 사후관리를 받을 수 있는 법정기간은?(단, 주행거리 및 사용시간은 사후관리기간 내에 있음)

① 6개월 ② 12개월
③ 18개월 ④ 24개월

28 베인 펌프의 펌핑 작용과 관련되는 주요 구성요소만 나열한 것은?

① 배플, 베인, 캠 링 ② 베인, 캠 링, 로터
③ 캠 링, 로터, 스풀 ④ 로터, 스풀, 배플

29 정기검사 신청을 받은 검사대행자는 며칠 이내에 검사일시 및 장소를 통지하여야 하는가?

① 20일 ② 15일
③ 5일 ④ 3일

답안 표기란

25 ① ② ③ ④
26 ① ② ③ ④
27 ① ② ③ ④
28 ① ② ③ ④
29 ① ② ③ ④

답안 표기란

30 ① ② ③ ④
31 ① ② ③ ④
32 ① ② ③ ④
33 ① ② ③ ④
34 ① ② ③ ④
35 ① ② ③ ④

30 유압장치 중에서 회전운동을 하는 것은?

① 급속 배기 밸브   ② 유압 모터
③ 하이드로릭 실린더   ④ 복동 실린더

31 그림은 시가지에서 시설한 고압 전선로에서 자가용 수용가에 구내전주를 경유하여 옥외 수전설비에 이르는 전선로 및 시설의 실체도이다. ⓗ로 표시된 곳과 같은 지중 전선로의 차도 부분의 매설깊이는 몇 m 이상인가?

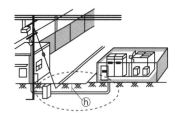

① 1.2m
② 1.0m
③ 0.75m
④ 0.5m

32 어큐뮬레이터(축압기)의 사용목적이 아닌 것은?

① 유압회로 내의 압력 상승   ② 충격압력 흡수
③ 유체의 맥동 감쇠   ④ 압력 보상

33 굴착기에서 점토, 석탄 등의 굴착 작업에 사용하며, 절입 성능이 좋은 버킷 투스는?

① 로크형(Lock type)   ② 롤러형(Roller type)
③ 샤프형(Sharp type)   ④ 슈형(Shoe type)

34 유압 건설기계의 고압호스가 자주 파열되는 원인으로 가장 적합한 것은?

① 유압 펌프의 고속회전
② 오일의 점도 저하
③ 릴리프 밸브의 설정압력 불량
④ 유압 모터의 고속회전

35 하인리히가 말한 안전의 3요소에 속하지 않는 것은?

① 교육적 요소   ② 자본적 요소
③ 기술적 요소   ④ 관리적 요소

36 굴착기 운전 중 주의사항으로 가장 거리가 먼 것은?

① 기관을 필요 이상으로 공회전시키지 않는다.

② 급가속, 급브레이크는 굴착기에 악영향을 주므로 피한다.

③ 커브 주행은 커브에 도달하기 전에 속력을 줄이고, 주의하여 주행한다.

④ 주행 중 소음, 냄새 등의 이상을 느낀 경우에는 작업 후 점검한다.

37 유압 실린더의 지지방식에 속하지 않는 것은?

① 풋형 ② 플랜지형

③ 유니언형 ④ 트러니언형

38 재해유형에서 중량물을 들어 올리거나 내릴 때 손 또는 발이 취급 중량물과 물체에 끼어 발생하는 것은?

① 전도 ② 낙하

③ 감전 ④ 협착

39 유압장치에서 작동체(액추에이터)의 속도를 바꾸어주는 밸브는?

① 압력 제어 밸브 ② 유량 제어 밸브

③ 방향 제어 밸브 ④ 체크 밸브

40 크롤러형 굴착기에서 상부회전체의 회전에는 영향을 주지 않고 주행 모터에 작동유를 공급할 수 있는 부품은?

① 컨트롤 밸브 ② 센터 조인트

③ 사축형 유압 모터 ④ 언로더 밸브

41 산업재해는 직접원인과 간접원인으로 구분되는데, 다음 직접원인 중에서 인적 불안전 행위가 아닌 것은?

① 작업태도 불안전 ② 위험한 장소의 출입

③ 조명등의 결함 ④ 작업복의 부적당

답안 표기란

36 ① ② ③ ④
37 ① ② ③ ④
38 ① ② ③ ④
39 ① ② ③ ④
40 ① ② ③ ④
41 ① ② ③ ④

답안 표기란

42 ① ② ③ ④

43 ① ② ③ ④

44 ① ② ③ ④

45 ① ② ③ ④

46 ① ② ③ ④

42 안전·보건표지의 종류와 형태에서 다음 그림이 나타내는 것은?

① 폭발물 경고

② 매달린 물체 경고

③ 몸 균형상실 경고

④ 방화성 물질 경고

43 토목공사에서 터파기, 쌓기, 깎기, 되메우기 작업에 사용되는 건설기계로 가장 적합한 것은?

① 불도저

② 모터 그레이더

③ 굴착기

④ 로더

44 가연성 액체, 유류 등 연소 후 재가 거의 없는 화재는?

① A급

② B급

③ C급

④ D급

45 유압 굴착기의 시동 전에 이뤄져야 하는 외관 점검사항이 아닌 것은?

① 고압호스 및 파이프 연결부 손상 여부

② 각종 오일의 누유 여부

③ 각종 볼트, 너트의 체결 상태

④ 유압유 탱크 여과기의 오염 상태

46 해머 작업에 대한 내용으로 잘못된 것은?

① 타격범위에 장애물이 없도록 한다.

② 작업자가 서로 마주보고 두드린다.

③ 녹슨 재료 사용 시 보안경을 사용한다.

④ 작게 시작하여 차차 큰 행정으로 작업하는 것이 좋다.

답안 표기란

47 ① ② ③ ④
48 ① ② ③ ④
49 ① ② ③ ④
50 ① ② ③ ④
51 ① ② ③ ④

47 굴착기 작업 중 운전자 하차 시 주의사항으로 틀린 것은?

① 엔진 가동 정지 후 가속레버를 최대로 당겨 놓는다.

② 타이어식인 경우 경사지에서 정차 시 고임목을 설치한다.

③ 버킷을 땅에 완전히 내린다.

④ 엔진을 정지시킨다.

48 복스 렌치가 오픈 렌치보다 많이 사용되는 이유는?

① 값이 싸며, 적은 힘으로 작업할 수 있다.

② 가볍고 양손으로도 사용할 수 있다.

③ 파이프 피팅 조임 등 작업용도가 다양하다.

④ 볼트·너트 주위를 완전히 감싸 사용 중에 미끄러지지 않는다.

49 타이어식 굴착기 주행 중 발생할 수 있는 히트 세퍼레이션 현상에 대한 설명으로 맞는 것은?

① 물에 젖은 노면을 고속으로 달리면 타이어와 노면 사이에 수막이 생기는 현상

② 고속으로 주행 중 타이어가 터져버리는 현상

③ 고속 주행 시 차체가 좌우로 밀리는 현상

④ 고속 주행할 때 타이어 공기압이 낮아져 타이어가 찌그러지는 현상

50 벨트에 대한 안전사항으로 틀린 것은?

① 벨트를 걸거나 벗길 때에는 기계를 정지한 상태에서 실시한다.

② 벨트의 이음쇠는 돌기가 없는 구조로 한다.

③ 벨트가 풀리에 감겨 돌아가는 부분은 커버나 덮개를 설치한다.

④ 바닥면으로부터 2m 이내에 있는 벨트는 덮개를 제거한다.

51 굴착기의 주행 형식별 분류에서 접지면적이 크고 접지압력이 작아 사지나 습지와 같이 위험한 지역에서 작업이 가능한 형식으로 적당한 것은?

① 트럭 탑재식

② 무한궤도식

③ 반 정치식

④ 타이어식

답안 표기란

52	① ② ③ ④
53	① ② ③ ④
54	① ② ③ ④
55	① ② ③ ④
56	① ② ③ ④

52 일반 도시가스 사업자의 지하배관 설치 시 도로 폭이 4m 이상, 8m 미만인 도로에서는 규정상 어느 정도의 깊이에 배관이 설치되어 있는가?

① 1.5m 이상
② 1.2m 이상
③ 1.0m 이상
④ 0.6m 이상

53 산업재해 방지대책을 수립하기 위하여 위험요인을 발견하는 방법으로 가장 적합한 것은?

① 안전점검
② 재해 사후조치
③ 경영층 참여와 안전조직 진단
④ 안전대책 회의

54 수동변속기가 장착된 건설기계에서 변속기어의 이중 물림을 방지하는 장치는?

① 인젝션 장치
② 인터쿨러 장치
③ 인터록 장치
④ 인터널 기어장치

55 전부장치가 부착된 굴착기를 트레일러로 수송할 때 붐이 향하는 방향으로 가장 적합한 것은?

① 앞 방향
② 뒤 방향
③ 좌측 방향
④ 우측 방향

56 굴착기 작업 안전수칙에 대한 설명 중 틀린 것은?

① 버킷에 무거운 하중이 있을 때는 5~10cm 들어 올려서 굴착기의 안전을 확인한 후 계속 작업한다.
② 버킷이나 하중을 달아 올린 채로 브레이크를 걸어두어서는 안된다.
③ 작업할 때는 버킷 옆에 항상 작업을 보조하기 위한 사람이 위치하도록 한다.
④ 운전자는 작업반경의 주위를 파악한 후 스윙, 붐의 작동을 행한다.

57 커먼 레일 디젤기관의 공기유량센서(AFS)에 대한 설명 중 옳지 않은 것은?

① EGR 피드백 제어기능을 주로 한다.
② 열막 방식을 사용한다.
③ 연료량 제어기능을 주로 한다.
④ 스모그 제한 부스터 압력제어용으로 사용한다.

58 크롤러형 굴착기가 주행 중 주행방향이 틀려지고 있을 때 그 원인과 가장 관계가 적은 것은?

① 트랙의 균형이 맞지 않을 때
② 유압계통에 이상이 있을 때
③ 트랙 슈가 약간 마모되었을 때
④ 지면이 불규칙할 때

59 진공식 제동 배력장치의 설명으로 옳은 것은?

① 진공 밸브가 새면 브레이크가 전혀 듣지 않는다.
② 릴레이 밸브의 다이어프램이 파손되면 브레이크가 듣지 않는다.
③ 릴레이 밸브 피스톤 컵이 파손되어도 브레이크는 듣는다.
④ 하이드로릭 피스톤의 체크 볼이 밀착 불량이면 브레이크가 듣지 않는다.

60 무한궤도식 굴착기 좌·우 트랙에 각각 한 개씩 설치되어 있으며 센터 조인트로부터 유압을 받아 조향기능을 하는 구성품은?

① 주행 모터 ② 드래그 링크
③ 조향기어 박스 ④ 동력조향 실린더

수험번호 :

수험자명 :

제한 시간 : 60분
남은 시간 : 60분

전체 문제 수 : 60
안 푼 문제 수 : ☐

답안 표기란

1 ① ② ③ ④
2 ① ② ③ ④
3 ① ② ③ ④
4 ① ② ③ ④
5 ① ② ③ ④

1 굴착기의 3대 주요 구성요소로 옳은 것은?
① 상부회전체, 하부회전체, 중간회전체
② 작업장치, 하부추진체, 중간선회체
③ 작업장치, 상부회전체, 하부추진체
④ 상부조정장치, 하부회전장치, 중간동력장치

2 커먼 레일 연료분사장치의 저압계통이 아닌 것은?
① 연료 여과기 ② 커먼 레일
③ 1차 연료공급펌프 ④ 스트레이너

3 무한궤도식 굴착기에서 트랙이 벗겨지는 주원인은?
① 트랙의 서행 회전
② 트랙이 너무 이완되었을 때
③ 파이널 드라이브의 마모
④ 보조 스프링이 파손되었을 때

4 교류발전기에서 회전체에 해당하는 것은?
① 스테이터 ② 엔드 프레임
③ 브러시 ④ 로터

5 건설기계 조종사 면허가 취소되거나 효력정지 처분을 받은 후에도 건설기계를 계속하여 조종한 자에 대한 벌칙은?
① 과태료 50만 원
② 1년 이하의 징역 또는 1,000만 원 이하의 벌금
③ 취소기간 연장조치
④ 조종사 면허 취득 절대불가

답안 표기란

6 ① ② ③ ④
7 ① ② ③ ④
8 ① ② ③ ④
9 ① ② ③ ④
10 ① ② ③ ④
11 ① ② ③ ④

6 타이어식 굴착기에서 유압식 동력전달장치 중 변속기를 직접 구동시키는 것은?

① 선회 모터
② 주행 모터
③ 토크 컨버터
④ 엔진

7 실린더 압축압력 시험 시 틀린 것은?

① 기관을 시동하여 난기운전한 후 정지한다.
② 분사노즐을 모두 빼낸다.
③ 연료가 공급되지 않도록 차단한다.
④ 습식시험을 먼저 실시한 후 건식시험을 한다.

8 공·유압 기호 중 다음 그림이 나타내는 것은?

① 유압 동력원
② 공기압 동력원
③ 전동기
④ 원동기

9 도로교통법상 안전거리 확보의 정의로 옳은 것은?

① 주행 중 앞차가 급제동할 수 있는 거리
② 우측 가장자리로 피하여 진로를 양보할 수 있는 거리
③ 주행 중 앞차가 급정지하였을 때 앞차와 충돌을 피할 수 있는 거리
④ 주행 중 급정지하여 진로를 양보할 수 있는 거리

10 굴착기 작업장치의 종류가 아닌 것은?

① 파워 셔블
② 백호 버킷
③ 우드 그래플
④ 힌지드 버킷

11 체크 밸브가 내장되는 밸브로서 유압회로의 한 방향의 흐름에 대해서는 설정된 배압을 생기게 하고, 다른 방향의 흐름은 자유롭게 흐르도록 한 밸브는?

① 셔틀 밸브
② 언로더 밸브
③ 슬로리턴 밸브
④ 카운터 밸런스 밸브

12 굴착기 작업장치에서 전신주나 기둥 또는 파이프 등을 세우기 위하여 구덩이를 뚫을 때 사용하는 작업장치는?

① 어스 오거 ② 브레이커
③ 크램쉘 ④ 리퍼

13 4행정 사이클 기관에서 크랭크축 기어와 캠축 기어와의 지름비 및 회전비는 각각 얼마인가?

① 2:1 및 1:2 ② 2:1 및 2:1
③ 1:2 및 2:1 ④ 1:2 및 1:2

14 굴착기 작업장치에서 배수로, 농수로 등 도랑파기 작업을 할 때 가장 알맞은 버킷은?

① V형 버킷 ② 리퍼 버킷
③ 폴립 버킷 ④ 힌지드 버킷

15 과급기(Turbo charge)에 대한 설명 중 옳은 것은?

① 피스톤의 흡입력에 의해 임펠러가 회전한다.
② 연료 분사량을 증대시킨다.
③ 가솔린 기관에만 설치된다.
④ 실린더 내의 흡입효율을 증대시킨다.

16 굴착기의 기본 작업 사이클 과정으로 옳은 것은?

① 선회 → 굴착 → 적재 → 선회 → 굴착 → 붐 상승
② 선회 → 적재 → 굴착 → 적재 → 붐 상승 → 선회
③ 굴착 → 적재 → 붐 상승 → 선회 → 굴착 → 선회
④ 굴착 → 붐 상승 → 스윙 → 적재 → 스윙 → 굴착

17 디젤기관의 흡입 및 배기 밸브의 구비조건이 아닌 것은?

① 열전도율이 좋을 것
② 열에 대한 팽창률이 적을 것
③ 열에 대한 저항력이 낮을 것
④ 가스와 고온에 잘 견딜 것

12	①	②	③	④
13	①	②	③	④
14	①	②	③	④
15	①	②	③	④
16	①	②	③	④
17	①	②	③	④

답안 표기란

18 ① ② ③ ④
19 ① ② ③ ④
20 ① ② ③ ④
21 ① ② ③ ④
22 ① ② ③ ④
23 ① ② ③ ④

18 무한궤도형 굴착기에는 유압 모터가 몇 개 설치되어 있는가?

① 1개   ② 2개

③ 3개   ④ 5개

19 냉각장치에서 밀봉압력식 라디에이터 캡을 사용하는 목적은?

① 엔진온도를 높일 때

② 엔진온도를 낮출 때

③ 압력밸브가 고장일 때

④ 냉각수의 비등점을 높일 때

20 납산 축전지가 내부 방전하여 못쓰게 되는 이유는?

① 축전지 전해액이 규정보다 약간 높은 상태로 계속 사용했다.

② 발전기 출력이 저하되었다.

③ 축전지 비중을 1.280으로 하여 계속 사용했다.

④ 전해액이 거의 없는 상태로 장시간 사용했다.

21 굴착기 붐(Boom)은 무엇에 의하여 상부회전체에 연결되어 있는가?

① 테이퍼 핀(Taper pin)   ② 풋 핀(Foot pin)

③ 킹 핀(King pin)   ④ 코터 핀(Cotter pin)

22 굴착기 전기회로의 보호장치로 맞는 것은?

① 안전 밸브   ② 퓨저블 링크

③ 캠버   ④ 턴 시그널 램프

23 철길 건널목 통과방법으로 틀린 것은?

① 경보기가 울리고 있는 동안에는 통과하여서는 아니 된다.

② 철길 건널목에서 앞차가 서행하면서 통과할 때에는 그 차를 따라 서행한다.

③ 차단기가 내려지려고 할 때에는 통과하여서는 아니 된다.

④ 철길 건널목 앞에서 일시정지하여 안전한지 여부를 확인한 후 통과한다.

답안 표기란	
24	① ② ③ ④
25	① ② ③ ④
26	① ② ③ ④
27	① ② ③ ④
28	① ② ③ ④
29	① ② ③ ④

24 전조등 회로의 구성으로 옳은 것은?

① 전조등 회로는 직렬로 연결되어 있다.

② 전조등 회로는 병렬로 연결되어 있다.

③ 전조등 회로는 직렬과 단식 배선으로 연결되어 있다.

④ 전조등 회로는 단식 배선이다.

25 건설기계해체재활용업 등록은 누구에게 하는가?

① 국토교통부장관   ② 시·도지사

③ 행정안전부장관   ④ 읍·면·동장

26 유압 오일 실의 종류 중 O-링이 갖추어야 할 조건은?

① 탄성이 양호하고, 압축변형이 적을 것

② 작동 시 마모가 클 것

③ 체결력(죄는 힘)이 작을 것

④ 오일의 누설이 클 것

27 지중 전선로 중에 직접 매설식에 의하여 시설할 경우에는 토관의 깊이를 최소 몇 m 이상으로 하여야 하는가?(단, 차량 및 기타 중량물의 압력을 받을 우려가 없는 장소)

① 0.6m   ② 0.9m

③ 1.0m   ④ 1.2m

28 도로교통법상 주차 금지 장소를 나타낸 것으로 틀린 것은?

① 전신주로부터 12m 이내의 지점

② 주차 금지 표지가 설치된 곳

③ 소방용 방화물통으로부터 5m 이내의 지점

④ 화재경보기로부터 3m 이내의 지점

29 교차로에서 적색등화에서 진행할 수 있는 경우는?

① 교통이 한산한 야간 운행할 때

② 경찰공무원의 진행신호에 따를 때

③ 앞차를 따라 진행할 때

④ 보행자가 없을 때

답안 표기란				
30	①	②	③	④
31	①	②	③	④
32	①	②	③	④
33	①	②	③	④
34	①	②	③	④
35	①	②	③	④

30 자동차에서 팔을 차체 밖으로 내어 45° 밑으로 펴서 상하로 흔들고 있을 때의 신호는?

① 서행신호 　　　　　② 정지신호
③ 주의신호 　　　　　④ 앞지르기 신호

31 제1종 자동차 대형 면허 소지자가 조종할 수 없는 건설기계는?

① 지게차 　　　　　② 콘크리트 펌프
③ 아스팔트 살포기 　　　　　④ 노상안정기

32 건설기계관리법에서 정의한 건설기계 형식을 가장 잘 나타낸 것은?

① 엔진구조 및 성능을 말한다.
② 형식 및 규격을 말한다.
③ 성능 및 용량을 말한다.
④ 구조·규격 및 성능 등에 관하여 일정하게 정한 것을 말한다.

33 무한궤도식 굴착기에 대한 정기검사 유효기간으로 옳은 것은?(단, 연식이 20년 이하인 경우)

① 4년 　　　　　② 1년
③ 3년 　　　　　④ 2년

34 목재, 섬유 등 일반화재에도 사용되며, 가솔린과 같은 유류나 화학약품의 화재에도 적당하나, 전기화재에는 부적당한 소화기는?

① ABC 소화기 　　　　　② 모래
③ 포말소화기 　　　　　④ 분말소화기

35 금속 사이의 마찰을 방지하기 위한 방안으로 마찰계수를 저하시키기 위하여 사용하는 첨가제는?

① 방청제 　　　　　② 유성 향상제
③ 점도지수 향상제 　　　　　④ 유동점 강하제

36 일반적인 오일 탱크의 구성부품이 아닌 것은?

① 스트레이너　　　　② 배플

③ 드레인 플러그　　　④ 압력조절기

37 해머 작업의 안전수칙으로 틀린 것은?

① 해머를 사용할 때 자루 부분을 확인할 것

② 장갑을 끼고 해머 작업을 하지 말 것

③ 열처리된 장비의 부품은 강하므로 힘껏 때릴 것

④ 공동으로 해머 작업 시는 호흡을 맞출 것

38 일반적으로 많이 사용되는 유압 회로도는?

① 스케치 회로도　　　② 기호 회로도

③ 단면 회로도　　　　④ 조합 회로도

39 유압 회로의 속도 제어 회로에 속하지 않는 것은?

① 카운터 밸런스 회로　② 미터 아웃 회로

③ 미터 인 회로　　　　④ 시퀀스 회로

40 안전수칙을 지킴으로써 발생될 수 있는 효과가 아닌 것은?

① 상하 동료 간의 인간관계가 개선된다.

② 기업의 신뢰도를 높여준다.

③ 기업의 이직률이 감소된다.

④ 기업의 투자경비가 늘어난다.

41 현장에서 오일의 오염도 판정방법 중 가열한 철판 위에 오일을 떨어 뜨리는 방법은 오일의 무엇을 판정하기 위한 것인가?

① 산성도　　　　　　② 수분함유

③ 오일의 열화　　　　④ 먼지나 이물질의 함유

답안 표기란				
36	①	②	③	④
37	①	②	③	④
38	①	②	③	④
39	①	②	③	④
40	①	②	③	④
41	①	②	③	④

42 유압장치의 고장 원인과 거리가 먼 것은?

① 작동유의 과도한 온도 상승

② 작동유에 공기·물 등의 이물질 혼입

③ 조립 및 접속 불량

④ 윤활성이 좋은 작동유 사용

43 유압 회로 내의 밸브를 갑자기 닫았을 때, 오일의 속도에너지가 압력 에너지로 변하면서 일시적으로 큰 압력 증가가 생기는 현상을 무엇이라 하는가?

① 캐비테이션(Cavitation) 현상

② 서지(Surge) 현상

③ 채터링(Chattering) 현상

④ 에어레이션(Aeration) 현상

44 화재 발생 시 연소조건이 아닌 것은?

① 점화원　　　　　　② 산소(공기)

③ 발화시기　　　　　④ 가연성 물질

45 무한궤도식 굴착기의 유압식 하부추진체 동력전달 순서로 옳은 것은?

① 기관 → 제어 밸브 → 센터 조인트 → 유압 펌프 → 주행 모터 → 트랙

② 기관 → 제어 밸브 → 센터 조인트 → 주행 모터 → 유압 펌프 → 트랙

③ 기관 → 센터 조인트 → 유압 펌프 → 제어 밸브 → 주행 모터 → 트랙

④ 기관 → 유압 펌프 → 제어 밸브 → 센터 조인트 → 주행 모터 → 트랙

46 벨트를 풀리에 걸 때 가장 올바른 방법은?

① 회전을 정지시킨 후　　② 저속으로 회전할 때

③ 중속으로 회전할 때　　④ 고속으로 회전할 때

47 정상 작동되었던 변속기에서 심한 소음이 나는 원인과 가장 거리가 먼 것은?

① 변속기 베어링의 마모　② 변속기 기어의 마모

③ 변속기 오일의 부족　　④ 점도지수가 높은 오일 사용

답안 표기란

42	① ② ③ ④
43	① ② ③ ④
44	① ② ③ ④
45	① ② ③ ④
46	① ② ③ ④
47	① ② ③ ④

답안 표기란

48	① ② ③ ④
49	① ② ③ ④
50	① ② ③ ④
51	① ② ③ ④
52	① ② ③ ④
53	① ② ③ ④
54	① ② ③ ④

48 굴착기의 붐 제어 레버를 계속하여 상승위치로 당기고 있으면 어느 곳에 가장 큰 손상이 발생하는가?

① 엔진　　　　　　　　　　② 유압 펌프

③ 릴리프 밸브 및 시트　　　④ 유압 모터

49 기계에 사용되는 방호덮개장치의 구비조건으로 틀린 것은?

① 마모나 외부로부터 충격에 쉽게 손상되지 않을 것

② 작업자가 임의로 제거 후 사용할 수 있을 것

③ 검사나 급유·조정 등 정비가 용이할 것

④ 최소의 손질로 장시간 사용할 수 있을 것

50 무한궤도식 굴착기의 부품이 아닌 것은?

① 유압 펌프　　　　　　　② 오일 냉각기

③ 자재 이음　　　　　　　④ 주행 모터

51 클러치 용량은 기관 최대출력의 몇 배로 설계하는 것이 적당한가?

① 0.5~1.5배　　　　　　② 1.5~2.5배

③ 3.0~4.0배　　　　　　④ 5.0~6.0배

52 굴착기의 스윙(선회) 동작이 원활하게 안 되는 원인으로 틀린 것은?

① 컨트롤 밸브 스풀 불량

② 릴리프 밸브 설정압력 부족

③ 터닝 조인트(Turning joint) 불량

④ 스윙(선회)모터 내부 손상

53 안전·보건표지의 종류별 용도·사용 장소·형태 및 색채에서 바탕은 흰색, 기본모형은 빨간색, 관련부호 및 그림은 검정색으로 된 표지는?

① 보조표지　　　　　　　② 지시표지

③ 주의표지　　　　　　　④ 금지표지

54 굴삭 작업 시 작업능력이 떨어지는 원인으로 옳은 것은?

① 트랙 슈에 주유가 안 됨　　② 아워 미터 고장

③ 조향핸들 유격 과다　　　　④ 릴리프 밸브 조정 불량

답안 표기란

55 ① ② ③ ④
56 ① ② ③ ④
57 ① ② ③ ④
58 ① ② ③ ④
59 ① ② ③ ④
60 ① ② ③ ④

55 안전관리상 인력운반으로 중량물을 운반하거나 들어 올릴 때 발생할 수 있는 재해와 가장 거리가 먼 것은?

① 낙하
② 협착(압상)
③ 단전(정전)
④ 충돌

56 굴착기의 조종 레버 중 굴삭 작업과 직접 관계가 없는 것은?

① 버킷 제어 레버
② 붐 제이 래비
③ 암(스틱) 제어 레버
④ 스윙 제어 레버

57 관련법상 도로 굴착자가 가스배관 매설위치 확인 시 인력굴착을 실시하여야 하는 범위는?

① 가스배관의 보호관이 육안으로 확인되었을 때
② 가스배관의 주위 0.5m 이내
③ 가스배관의 주위 1m 이내
④ 가스배관이 육안으로 확인될 때

58 굴착기의 작업장치 연결부(작동부) 니플에 주유하는 것은?

① 그리스
② 엔진 오일
③ 기어 오일
④ 유압유

59 액슬축과 액슬 하우징의 조합방법에서 액슬축의 지지방식이 아닌 것은?

① 전부동식
② 반부동식
③ 3/4부동식
④ 1/4부동식

60 굴착기 버킷 용량 표시로 옳은 것은?

① in^2
② yd^2
③ m^2
④ m^3

수험번호 :

수험자명 :

제한 시간 : 60분
남은 시간 : 60분

전체 문제 수 : 60
안 푼 문제 수 :

답안 표기란

1 ① ② ③ ④
2 ① ② ③ ④
3 ① ② ③ ④
4 ① ② ③ ④
5 ① ② ③ ④

1 유압장치의 구성요소가 아닌 것은?

① 종감속 기어
② 오일 탱크
③ 유압 펌프
④ 제어 밸브

2 토크 컨버터에서 회전력이 최댓값이 될 때를 무엇이라 하는가?

① 토크 변환비
② 유체충돌 손실비
③ 회전력
④ 스톨 포인트

3 굴착기 작업장치의 핀 등에 그리스가 주유되었는지를 확인하는 방법으로 옳은 것은?

① 그리스 니플을 분해하여 확인한다.
② 그리스 니플을 깨끗이 청소한 후 확인한다.
③ 그리스 니플의 볼을 눌러 확인한다.
④ 그리스 주유 후 확인할 필요가 없다.

4 브레이크 오일이 비등하여 송유압력의 전달 작용이 불가능하게 되는 현상은?

① 페이드 현상
② 베이퍼 록 현상
③ 사이클링 현상
④ 브레이크 록 현상

5 커먼 레일 디젤기관의 흡기온도센서(ATS)에 대한 설명 중 옳지 않은 것은?

① 연료량 제어 보정신호로 사용된다.
② 분사시기 제어 보정신호로 사용된다.
③ 부특성 서미스터이다.
④ 스모그 제한 부스터 압력 제어용으로 사용한다.

6 트랙식 굴착기의 한 쪽 주행 레버만 조작하여 회전하는 것을 무엇이라 하는가?

① 피벗 회전
② 급회전
③ 스핀 회전
④ 원웨이 회전

7 도로를 주행할 때 포장노면의 파손을 방지하기 위해 주로 사용하는 트랙 슈는?

① 평활 슈
② 단일돌기 슈
③ 습지용 슈
④ 스노 슈

8 규정상 올바른 정차 방법은?

① 정차는 도로모퉁이에서도 할 수 있다.
② 일방통행로에서는 도로의 좌측에 정차할 수 있다.
③ 도로의 우측 가장자리에 다른 교통에 방해가 되지 않도록 정차해야 한다.
④ 정차는 교차로 가장자리에서 할 수 있다.

9 굴착기의 붐 실린더의 작동이 느린 원인이 아닌 것은?

① 작동유에 이물질 혼입
② 작동유의 압력 저하
③ 작동유의 압력 과다
④ 작동유의 압력 부족

10 기동 전동기가 회전이 안 되거나 회전력이 약한 원인이 아닌 것은?

① 시동스위치 접촉 불량이다.
② 배터리 단자와 터미널의 접촉이 나쁘다.
③ 브러시가 정류자에 잘 밀착되어 있다.
④ 배터리 전압이 낮다.

11 굴착기에서 작업장치의 동력전달 순서로 옳은 것은?

① 엔진 → 제어 밸브 → 유압 펌프 → 유압 실린더
② 유압 펌프 → 엔진 → 제어 밸브 → 유압 실린더
③ 유압 펌프 → 엔진 → 유압 실린더 → 제어 밸브
④ 엔진 → 유압 펌프 → 제어 밸브 → 유압 실린더

답안 표기란

6 ① ② ③ ④
7 ① ② ③ ④
8 ① ② ③ ④
9 ① ② ③ ④
10 ① ② ③ ④
11 ① ② ③ ④

12 유압장치의 수명 연장을 위해 가장 중요한 요소에 해당하는 것은?

① 컨트롤 밸브의 세척 및 교환

② 오일량 점검 및 필터 교환

③ 유압 펌프의 점검 및 교환

④ 오일 쿨러의 점검 및 세척

13 엔진 오일의 여과방식이 아닌 것은?

① 샨트식   ② 전류식

③ 분류식   ④ 자력식

14 일반적인 유압 펌프에 대한 설명으로 가장 거리가 먼 것은?

① 유압유를 흡입하여 제어 밸브(Control valve)로 송유(토출)한다.

② 엔진 또는 전기모터의 동력으로 구동된다.

③ 벨트에 의해서만 구동된다.

④ 동력원이 회전하는 동안에는 항상 회전한다.

15 건설기계관리법의 입법 목적에 해당되지 않는 것은?

① 건설기계의 효율적인 관리를 하기 위함

② 건설기계 안전도 확보를 위함

③ 건설기계의 규제 및 통제를 하기 위함

④ 건설공사의 기계화를 촉진함

16 굴착기 센터 조인트의 기능으로 옳은 것은?

① 유압 펌프에서 공급되는 유압유를 하부주행체로 공급한다.

② 차체의 중앙 고정 축 주위에 움직이는 암이다.

③ 전·후륜의 중앙에 있는 디퍼렌셜 기어에 오일을 공급한다.

④ 트랙을 구동시켜 주행하도록 한다.

17 디젤기관의 부하에 따라 자동적으로 연료 분사량을 가감하여 최고 회전속도를 제어하는 것은?

① 플런저 펌프   ② 캠축
③ 거버너   ④ 타이머

18 도시가스사업법에서 저압이라 함은 압축가스일 경우 몇 MPa 미만의 압축을 말하는가?

① 3.0MPa   ② 1.0MPa
③ 0.01MPa   ④ 0.1MPa

19 4행정 사이클 디젤기관의 흡입행정에 관한 설명 중 옳지 않은 것은?

① 흡입 밸브를 통하여 혼합기를 흡입한다.
② 실린더 내의 부압(負壓)이 발생한다.
③ 흡입 밸브는 상사점 전에 열린다.
④ 흡입계통에는 벤투리, 초크 밸브가 없다.

20 술에 취한 상태의 기준은 혈중 알코올 농도가 최소 몇 퍼센트 이상인 경우인가?

① 0.25   ② 0.03
③ 1.25   ④ 1.50

21 4행정 사이클 디젤기관 작동 중 흡입 밸브와 배기 밸브가 동시에 닫혀 있는 행정은?

① 흡입행정   ② 소기행정
③ 동력행정   ④ 배기행정

22 디젤기관의 냉각장치 방식에 속하지 않는 것은?

① 강제순환식   ② 압력순환식
③ 진공순환식   ④ 자연순환식

답안 표기란			
17	① ② ③ ④
18	① ② ③ ④
19	① ② ③ ④
20	① ② ③ ④
21	① ② ③ ④
22	① ② ③ ④

답안 표기란

23 ① ② ③ ④
24 ① ② ③ ④
25 ① ② ③ ④
26 ① ② ③ ④
27 ① ② ③ ④
28 ① ② ③ ④

23 배선의 색깔과 기호에서 파랑색(Blue)의 기호는?

① G   ② L

③ B   ④ R

24 전기장치에서 접촉저항이 발생하는 개소 중 가장 거리가 먼 것은?

① 배선 중간지점   ② 스위치 접점

③ 축전지 터미널   ④ 배선 커넥터

25 공구 사용 시 주의해야 할 사항으로 틀린 것은?

① 주위환경에 주의해서 작업할 것

② 강한 충격을 가하지 않을 것

③ 해머 작업 시 보호안경을 쓸 것

④ 손이나 공구에 기름을 바른 다음 작업할 것

26 시·도지사는 건설기계 등록원부를 건설기계의 등록을 말소한 날부터 몇 년간 보존하여야 하는가?

① 1년   ② 3년

③ 5년   ④ 10년

27 축전지를 병렬로 연결하였을 때 옳은 것은?

① 전압이 증가한다.   ② 전압이 감소한다.

③ 용량이 증가한다.   ④ 전류가 감소한다.

28 건설기계 등록 말소 신청 시 구비서류에 해당되는 것은?

① 건설기계 등록증   ② 주민등록등본

③ 수입면장   ④ 제작증명서

답안 표기란

29 ① ② ③ ④
30 ① ② ③ ④
31 ① ② ③ ④
32 ① ② ③ ④
33 ① ② ③ ④

29 유압 펌프에서 토출압력이 가장 높은 것은?

① 레이디얼 플런저 펌프
② 기어 펌프
③ 액시얼 플런저 펌프
④ 베인 펌프

30 다음 중 (ⓐ), (ⓑ) 안에 들어갈 말은?

> 시·도지사는 정기검사를 받지 아니한 건설기계의 소유자에게 유효기간
> 이 끝난 날부터 (ⓐ) 이내에 국토교통부령으로 정하는 바에 따라 (ⓑ)
> 이내의 기한을 정하여 정기검사를 받을 것을 최고하여야 한다.

① ⓐ 1개월, ⓑ 3일
② ⓐ 3개월, ⓑ 10일
③ ⓐ 6개월, ⓑ 30일
④ ⓐ 12개월, ⓑ 60일

31 동력 공구 사용 시 주의사항으로 틀린 것은?

① 보호구는 안 해도 무방하다.
② 에어 그라인더는 회전수에 유의한다.
③ 규정 공기 압력을 유지한다.
④ 압축공기 중의 수분을 제거하여 준다.

32 건설기계 사업에 해당되지 않는 것은?

① 건설기계 대여업
② 건설기계 매매업
③ 건설기계 재생업
④ 건설기계 정비업

33 작업 중에 유압 펌프로부터 토출유량이 필요하지 않게 되었을 때, 토출유를 탱크에 저압으로 귀환시키는 회로는?

① 시퀀스 회로
② 어큐뮬레이터 회로
③ 블리드 오프 회로
④ 언로드 회로

답안 표기란

34 ① ② ③ ④

35 ① ② ③ ④

36 ① ② ③ ④

37 ① ② ③ ④

38 ① ② ③ ④

34 크롤러형 굴착기에서 하부추진체의 동력전달 순서로 옳은 것은?

① 기관 → 트랙 → 유압 모터 → 변속기 → 토크 컨버터

② 기관 → 토크 컨버터 → 변속기 → 트랙 → 클러치

③ 기관 → 유압 펌프 → 제어 밸브 → 주행 모터 → 트랙

④ 기관 → 트랙 → 스프로킷 → 변속기 → 클러치

35 도로교통법상 서행 또는 일시정지할 장소로 지정된 곳은?

① 안전지대 우측

② 가파른 비탈길의 내리막

③ 좌우를 확인할 수 있는 교차로

④ 교량 위를 통행할 때

36 작업장에서 예고 없이 정전되었을 경우 전기로 작동하던 기계 기구의 조치방법 중 틀린 것은?

① 즉시 스위치를 끈다.

② 안전을 위해 작업장을 정리해 놓는다.

③ 퓨즈의 단락 유·무를 검사한다.

④ 전기가 들어오는 것을 알기 위해 스위치를 넣어둔다.

37 유압 작동부에서 오일이 누유되고 있을 때 가장 먼저 점검하여야 할 곳은?

① 밸브(Valve) ② 기어(Gear)

③ 플런저(Plunger) ④ 실(Seal)

38 건설기계관리법에 따라 최고 주행속도 15km/h 미만의 타이어식 건설기계가 필히 갖추어야 할 조명장치가 아닌 것은?

① 전조등 ② 후부반사기

③ 비상점멸 표시등 ④ 제동등

39 유압 실린더의 지지방식에 속하지 않는 것은?

① 풋형 ② 플랜지형
③ 유니언형 ④ 트러니언형

40 인력 운반 작업의 재해 중 취급하는 중량물과 지면, 건축물 등에 끼여 발생하는 재해는?

① 요추 염좌 ② 충돌
③ 낙하 ④ 협착(압상)

41 도로교통법에서 안전지대의 정의에 관한 설명으로 옳은 것은?

① 버스정류장 표지가 있는 장소
② 자동차가 주차할 수 있도록 설치된 장소
③ 도로를 횡단하는 보행자나 통행하는 차마의 안전을 위하여 안전표지 등으로 표시된 도로의 부분
④ 사고가 잦은 장소에 보행자의 안전을 위하여 설치한 장소

42 유압장치 중에서 회전운동을 하는 것은?

① 급속 배기 밸브 ② 유압 모터
③ 하이드로릭 실린더 ④ 복동 실린더

43 2개 이상의 분기회로에서 실린더나 모터의 작동 순서를 결정하는 자동 제어 밸브는?

① 리듀싱 밸브 ② 릴리프 밸브
③ 시퀀스 밸브 ④ 파일럿 체크 밸브

44 유압 모터를 이용한 스크루로 구멍을 뚫고 전신주 등을 박는 작업에 사용되는 굴착기 작업장치는?

① 그래플 ② 브레이커
③ 오거 ④ 리퍼

45 오일 탱크 내의 오일을 전부 배출시킬 때 사용하는 것은?

① 드레인 플러그 ② 배플
③ 어큐뮬레이터 ④ 리턴 라인

46 굴착기 작업장치에서 진흙 등의 굴착 작업을 할 때 용이한 버킷은?

① 폴립 버킷 ② 이젝터 버킷
③ 포크 버킷 ④ 리퍼 버킷

47 유압 실린더를 행정 최종단에서 실린더의 속도를 감속하여 서서히 정지시키고자 할 때 사용되는 밸브는?

① 디셀러레이션 밸브(Deceleration valve)
② 셔틀 밸브(Shuttle valve)
③ 프레필 밸브(Prefill valve)
④ 디컴프레션 밸브(Decompression valve)

48 굴착기 부품 중 정기적으로 교환하여야 하는 것이 아닌 것은?

① 오일 여과기 ② 연료 여과기
③ 엔진 오일 ④ 버킷 투스

49 전등 스위치가 옥내에 있으면 안 되는 경우는?

① 건설기계 차고 ② 절삭유 저장소
③ 카바이드 저장소 ④ 각종 기계 저장소

답안 표기란				
44	①	②	③	④
45	①	②	③	④
46	①	②	③	④
47	①	②	③	④
48	①	②	③	④
49	①	②	③	④

답안 표기란

50	① ② ③ ④
51	① ② ③ ④
52	① ② ③ ④
53	① ② ③ ④
54	① ② ③ ④

50 굴착기 버킷 투스(포인트)의 사용 및 정비 방법으로 옳지 않은 것은?

① 로크형 투스는 암석, 자갈 등의 굴착 및 적재작업에 사용한다.

② 샤프형 투스는 점토, 석탄 등을 잘라낼 때 사용한다.

③ 핀과 고무 등은 가능한 한 그대로 사용한다.

④ 마모상태에 따라 안쪽과 바깥쪽의 투스를 바꿔 끼워가며 사용한다.

51 회전하는 물체를 정지시키는 방법으로 옳은 것은?

① 발로 세운다.

② 손으로 잡는다.

③ 공구를 사용한다.

④ 자연스럽게 정지하도록 가만히 둔다.

52 굴착기의 상부회전체는 몇 도까지 회전이 가능한가?

① 90° ② 180°

③ 270° ④ 360°

53 스패너 사용 시 주의할 사항 중 틀린 것은?

① 스패너 손잡이에 파이프를 이어서 사용하는 것은 삼갈 것

② 미끄러지지 않도록 조심성 있게 죌 것

③ 스패너는 당기지 말고 밀어서 사용할 것

④ 치수를 맞추기 위해 스패너와 너트 사이에 다른 물건을 끼워서 사용하지 말 것

54 굴착기의 굴삭력이 가장 클 경우는?

① 암과 붐이 일직선상에 있을 때

② 암과 붐이 45° 선상을 이루고 있을 때

③ 버킷을 최소 작업 반경 위치로 놓았을 때

④ 암과 붐이 직각 위치에 있을 때

55 안전표지 중 안내표지의 바탕색으로 맞는 것은?

① 백색
② 흑색
③ 적색
④ 녹색

56 굴착기의 조종 레버 중 굴삭 작업과 직접 관계가 없는 것은?

① 버킷 제어 레버
② 붐 제어 레버
③ 암(스틱) 제어 레버
④ 스윙 제어 레버

57 굴착 작업 중 줄파기 작업에서 줄파기 1일 시공량 결정은 어떻게 하는가?

① 시공속도가 가장 느린 천공 작업에 맞추어 결정한다.
② 시공속도가 가장 빠른 천공 작업에 맞추어 결정한다.
③ 공사시방서에 명기된 일정에 맞추어 결정한다.
④ 공사 관리 감독기관에 보고한 날짜에 맞추어 결정한다.

58 타이어형 굴착기 조향 핸들의 유격이 커지는 원인과 관계 없는 것은?

① 피트먼 암의 헐거움
② 타이어 공기압 과대
③ 조향 기어, 링키지 조정 불량
④ 앞바퀴 베어링 과대 마모

59 무한궤도식 굴착기의 장점으로 가장 거리가 먼 것은?

① 접지압력이 낮다.
② 노면 상태가 좋지 않은 장소에서 작업이 용이하다.
③ 운송수단 없이 장거리 이동이 가능하다.
④ 습지 및 사지에서 작업이 가능하다.

60 굴착기에 연결할 수 없는 작업장치는?

① 드래그 라인
② 파일 드라이브
③ 어스 오거
④ 셔블

답안 표기란

55	① ② ③ ④
56	① ② ③ ④
57	① ② ③ ④
58	① ② ③ ④
59	① ② ③ ④
60	① ② ③ ④

전체 문제 수 : 60
안 푼 문제 수 : ☐

답안 표기란

1 ① ② ③ ④
2 ① ② ③ ④
3 ① ② ③ ④
4 ① ② ③ ④
5 ① ② ③ ④

1 신호 중 가장 우선하는 신호는?

① 경찰공무원의 수신호　　② 신호기의 신호
③ 운전자의 수신호　　　　④ 안전표지의 지시

2 작업복의 조건으로서 가장 알맞은 것은?

① 작업자의 편안함을 위하여 자율적인 것이 좋다.
② 도면, 공구 등을 넣어야 하므로 주머니가 많아야 한다.
③ 작업에 지장이 없는 범위에서 신체의 노출이 많이 될 수 있도록
　한다.
④ 주머니가 적고, 팔이나 다리 부분이 노출되지 않는 것이 좋다.

3 유압유를 한 방향으로는 흐르게 하고 반대 방향으로는 흐르지 않게
하기 위해 사용하는 밸브는?

① 릴리프 밸브　　　　　②무부하 밸브
③ 체크 밸브　　　　　　④ 감압 밸브

4 건설기계에서 발전기는 어떤 것을 주로 사용하는가?

① 와전류발전기　　　　　② 2상 교류발전기
③ 직류발전기　　　　　　④ 3상 교류발전기

5 인간공학적 안전설정으로 페일 세이프에 관한 설명 중 가장 적절한
것은?

① 안전도 검사방법을 말한다.
② 안전통제의 실패로 인하여 원상복귀가 가장 쉬운 사고의 결과를
　말한다.
③ 안전사고 예방을 할 수 없는 물리적 불안전 조건과 불안전 인간
　의 행동을 말한다.
④ 인간 또는 기계에 과오나 동작상의 실패가 있어도 안전사고를
　발생시키지 않도록 하는 통제책을 말한다.

답안 표기란

6 ① ② ③ ④
7 ① ② ③ ④
8 ① ② ③ ④
9 ① ② ③ ④
10 ① ② ③ ④

6 굴착기를 이용하여 수중 작업을 하거나 하천을 건널 때의 안전사항으로 맞지 않는 것은?

① 타이어식 굴착기는 액슬 중심점 이상이 물에 잠기지 않도록 주의하면서 도하한다.

② 무한궤도식 굴착기는 주행모터의 중심선 이상이 물에 잠기지 않도록 주의하면서 도하한다.

③ 타이어식 굴착기는 블레이드를 앞쪽으로 하고 도하한다.

④ 수중작업 후에는 물에 잠겼던 부위에 새로운 그리스를 주입한다.

7 굴착으로부터 전력 케이블을 보호하기 위하여 설치하는 표시시설이 아닌 것은?

① 표지시트   ② 지중선로 표시기

③ 모래   ④ 보호판

8 다음 그림의 교통안전표지는?

① 유턴금지표지

② 횡단금지표지

③ 좌회전표지

④ 회전표지

9 유압 펌프가 오일을 토출하지 않을 경우의 점검항목 중 틀린 것은?

① 오일 탱크에 오일이 규정량으로 들어 있는지 점검한다.

② 흡입 스트레이너가 막혀 있지 않은지 점검한다.

③ 흡입 관로에서 공기를 빨아들이지 않는지 점검한다.

④ 토출측 회로에 압력이 너무 낮은지 점검한다.

10 가스장치의 누출 여부 및 위치를 정확하게 확인하는 방법으로 옳은 것은?

① 분말소화기를 이용하여 감지

② 냄새를 맡고 감지

③ 비눗물을 사용하여 감지

④ 소리를 듣고 감지

답안 표기란

11 ① ② ③ ④
12 ① ② ③ ④
13 ① ② ③ ④
14 ① ② ③ ④
15 ① ② ③ ④
16 ① ② ③ ④

11 동절기에 주로 사용하는 것으로, 디젤기관에 흡입된 공기온도를 상승시켜 시동을 원활하게 하는 장치는?

① 분사장치　　　　　　② 연료장치
③ 충전장치　　　　　　④ 예열장치

12 건설기계관리법령상 건설기계의 주요 구조를 변경 또는 개조할 수 있는 범위에 포함되지 않는 것은?

① 조종장치의 형식 변경
② 동력전달장치의 형식 변경
③ 적재함의 용량 증가를 위한 구조 변경
④ 건설기계의 길이, 너비 및 높이 등의 변경

13 오일량은 정상인 상태에서 유압유가 과열되는 경우에 우선적으로 점검해야 할 부분은?

① 호스　　　　　　　　② 컨트롤 밸브
③ 오일 쿨러　　　　　　④ 필터

14 드릴(Drill) 기기를 사용하여 작업할 때 착용을 금지하는 것은?

① 안전화　　　　　　　② 장갑
③ 모자　　　　　　　　④ 작업복

15 건설기계관리법상 건설기계의 등록신청은 누구에게 하여야 하는가?

① 사용 본거지를 관할하는 읍·면장
② 사용 본거지를 관할하는 시·도지사
③ 사용 본거지를 관할하는 검사대행장
④ 사용 본거지를 관할하는 경찰서장

16 유압 모터의 특징으로 옳은 것은?

① 가변 체인 구동으로 유량 조정을 한다.
② 오일의 누출이 많다.
③ 밸브 오버랩으로 회전력을 얻는다.
④ 무단변속이 용이하다.

답안 표기란
17 ① ② ③ ④
18 ① ② ③ ④
19 ① ② ③ ④
20 ① ② ③ ④
21 ① ② ③ ④

17 도로교통법에 의한 1종 대형면허를 가진 자가 조종할 수 없는 건설기계는?

① 콘크리트 펌프
② 아스팔트 믹싱플랜트
③ 아스팔트 살포기
④ 노상안정기

18 노면이 얼어붙은 경우 또는 폭설로 가시거리가 100미터 이내인 경우 최고 속도의 얼마만큼 감속운행하여야 하는가?

① 50%
② 40%
③ 30%
④ 20%

19 밀폐된 용기에 채워진 액체의 일부에 압력을 가하면 액체 내의 모든 곳에 같은 크기로 전달된다는 원리는?

① 파스칼의 원리
② 베르누이의 원리
③ 보일-샤를의 원리
④ 아르키메데스의 원리

20 무한궤도식 굴착기로 주행 중 회전반경을 가장 적게 할 수 있는 방법은?

① 한 쪽 주행 모터만 구동시킨다.
② 구동하는 주행 모터 이외에 다른 모터의 조향 브레이크를 강하게 작동시킨다.
③ 2개의 주행 모터를 서로 반대 방향으로 동시에 구동시킨다.
④ 트랙의 폭이 좁은 것으로 교체한다.

21 편도 4차로 일반도로에서 굴착기의 주행차로는?

① 1차로
② 2차로
③ 3차로
④ 4차로

답안 표기란

22 ① ② ③ ④
23 ① ② ③ ④
24 ① ② ③ ④
25 ① ② ③ ④
26 ① ② ③ ④

22 건설기계조종사의 적성검사 기준으로 가장 거리가 먼 것은?

① 두 눈을 동시에 뜨고 잰 시력이 0.7 이상이고, 두 눈의 시력이 각각 0.3 이상일 것

② 시각은 150° 이상일 것

③ 언어분별력이 80% 이상일 것

④ 교정시력의 경우는 시력이 1.5 이상일 것

23 유압기계의 장점이 아닌 것은?

① 에너지 축적이 가능하다.

② 힘의 전달 및 증폭이 용이하다.

③ 속도 제어가 용이하다.

④ 유압장치의 점검이 용이하다.

24 수공구 보관 및 사용방법 중 옳지 않은 것은?

① 물건에 해머를 대고 몸의 위치를 정한다.

② 담금질한 것은 함부로 두들겨서는 안 된다.

③ 숫돌은 강도 유지를 위하여 적당한 습기가 있어야 한다.

④ 파손·마모된 것은 사용하지 않는다.

25 크롤러형 굴착기가 주행 중 주행방향이 틀려지고 있을 때 그 원인으로 가장 관계가 적은 것은?

① 트랙의 균형이 맞지 않았을 때

② 유압계통에 이상이 있을 때

③ 트랙 슈가 약간 마모되었을 때

④ 지면이 불규칙할 때

26 고속도로를 주행할 수 있는 건설기계에 해당되는 것은?

① 덤프트럭　　　　　② 굴착기

③ 지게차　　　　　　④ 로더

답안 표기란
27	① ② ③ ④
28	① ② ③ ④
29	① ② ③ ④
30	① ② ③ ④
31	① ② ③ ④

27 굴착기의 일상점검 사항이 아닌 것은?

① 엔진 오일량 ② 냉각수 누출 여부

③ 오일 쿨러 세척 ④ 유압 오일량

28 건설기계 등록신청은 관련법상 건설기계를 취득한 날로부터 얼마의 기간 이내 하여야 되는가?

① 5일 ② 15일

③ 1월 ④ 2월

29 유압기기의 작동 속도를 높이기 위해 무엇을 변화시켜야 하는가?

① 유압 모터의 크기를 작게 한다.

② 유압 펌프의 토출압력을 높인다.

③ 유압 모터의 압력을 높인다.

④ 유압 펌프의 토출유량을 증가시킨다.

30 타이어형 굴착기의 주행 전 주의사항으로 틀린 것은?

① 버킷 실린더, 암 실린더를 충분히 늘려 펴서 버킷이 캐리어 상면 높이 위치에 있도록 한다.

② 버킷 레버, 암 레버, 붐 실린더 레버가 움직이지 않도록 잠가둔다.

③ 선회고정장치는 반드시 풀어 놓는다.

④ 굴착기에 그리스, 오일, 진흙 등이 묻어 있는지 점검한다.

31 유압회로 내의 유압유 점도가 너무 낮을 때 생기는 현상이 아닌 것은?

① 오일 누설에 영향이 있다.

② 유압 펌프 효율이 떨어진다.

③ 시동 저항이 커진다.

④ 회로 압력이 떨어진다.

32 굴착기 운전 시 작업 안전사항으로 적합하지 않은 것은?

① 스윙하면서 버킷으로 암석을 부딪쳐 파쇄하는 작업을 하지 않는다.
② 안전한 작업 반경을 초과해서 하중을 이동시킨다.
③ 굴삭하면서 주행하지 않는다.
④ 작업을 중지할 때는 파낸 모서리로부터 굴착기를 이동시킨다.

33 굴착기 작업 방법 중 틀린 것은?

① 버킷으로 옆으로 밀거나 스윙할 때의 충격력을 이용하지 말 것
② 하강하는 버킷이나 붐의 중력을 이용하여 굴착할 것
③ 굴착부분을 주의 깊게 관찰하면서 작업할 것
④ 과부하를 받으면 버킷을 지면에 내리고 모든 레버를 중립으로 할 것

34 산소가 희박한 작업장에서 착용하여야 하는 마스크는?

① 방진마스크
② 가스마스크
③ 방복마스크
④ 송풍마스크

35 유압회로에서 어떤 부분회로의 압력을 주회로의 압력보다 저압으로 해서 사용하고자 할 때 사용하는 밸브는?

① 릴리프 밸브
② 리듀싱 밸브
③ 체크 밸브
④ 카운터 밸런스 밸브

36 굴착기로 작업할 때 주의사항으로 틀린 것은?

① 땅을 깊이 팔 때는 붐의 호스나 버킷 실린더의 호스가 지면에 닿지 않도록 한다.
② 암석, 토사 등을 평탄하게 고를 때는 선회관성을 이용하면 능률적이다.
③ 암 레버의 조작 시 잠깐 멈췄다가 움직이는 것은 유압 펌프의 토출유량이 부족하기 때문이다.
④ 작업 시 유압 실린더의 행정 끝에서 약간 여유를 남기도록 운전한다.

답안 표기란

32 ① ② ③ ④
33 ① ② ③ ④
34 ① ② ③ ④
35 ① ② ③ ④
36 ① ② ③ ④

답안 표기란

37 ① ② ③ ④

38 ① ② ③ ④

39 ① ② ③ ④

40 ① ② ③ ④

41 ① ② ③ ④

37 산업재해를 예방하기 위한 재해예방 4원칙으로 적당하지 못한 것은?

① 대량생산의 원칙　　　　② 예방가능의 원칙

③ 원인계기의 원칙　　　　④ 대책선정의 원칙

38 굴착기를 트레일러에 상차하는 방법에 대한 것으로 가장 적합하지 않은 것은?

① 가급적 경사대를 사용한다.

② 트레일러로 운반 시 작업장치를 반드시 앞쪽으로 한다.

③ 경사대는 10~15° 정도 경사시키는 것이 좋다.

④ 붐을 이용하여 버킷으로 차체를 들어 올려 탑재하는 방법도 이용되지만 전복의 위험이 있어 특히 주의를 요한다.

39 굴착공사 시 도시가스 배관의 안전조치와 관련된 사항 중 ( ) 안에 적합한 것은?

> 도시가스사업자는 굴착 예정 지역의 매설배관 위치를 굴착공사자에게 알려주어야 하며, 굴착공사자는 매설배관 위치를 매설배관 ( )의 지면에 ( ) 페인트로 표시할 것

① 직상부, 황색　　　　② 우측부, 황색

③ 좌측부, 적색　　　　④ 직하부, 황색

40 기관의 플라이 휠과 항상 같이 회전하는 클러치의 부품은?

① 압력판　　　　② 릴리스 베어링

③ 클러치 축　　　　④ 클러치 디스크

41 무한궤도형 굴착기의 트랙 유격이 너무 커졌을 때 발생하는 현상은?

① 주행 속도가 빨라진다.

② 슈판 마모가 급격해진다.

③ 주행 속도가 아주 느려진다.

④ 트랙이 벗겨지기 쉽다.

답안 표기란

42 ① ② ③ ④
43 ① ② ③ ④
44 ① ② ③ ④
45 ① ② ③ ④
46 ① ② ③ ④

42 브레이크에서 하이드로 백에 관한 설명으로 틀린 것은?

① 대기압과 흡기다기관 부압과의 차이를 이용하였다.

② 하이드로 백에 고장이 나면 브레이크가 전혀 작동이 안 된다.

③ 외부에 누출이 없는데도 브레이크 작동이 나빠지는 것은 하이드로 백 고장일 수 있다.

④ 하이드로 백은 브레이크 계통에 설치되어 있다.

43 무한궤도식 굴착기의 환향은 무엇에 의하여 작동되는가?

① 주행 펌프   ② 스티어링 휠

③ 스로틀 레버   ④ 주행 모터

44 건설기계 운전 및 작업 시 안전사항으로 옳은 것은?

① 작업의 속도를 높이기 위해 레버 조작을 빨리 한다.

② 건설기계의 무게는 무시해도 된다.

③ 작업도구나 적재물이 장애물에 걸려도 동력에 무리가 없으므로 그냥 작업한다.

④ 건설기계에 승·하차 시에는 건설기계에 장착된 손잡이 및 발판을 사용한다.

45 트랙형 굴착기의 주행장치에 브레이크가 없는 이유는?

① 저속으로 주행하기 때문이다.

② 트랙과 지면의 마찰이 크기 때문이다.

③ 주행 제어 레버를 반대로 작용시키면 정지하기 때문이다.

④ 주행 제어 레버를 중립으로 하면 주행 모터의 작동유 공급 쪽과 복귀 쪽 회로가 차단되기 때문이다.

46 직접분사실식 연소실에 대한 설명 중 잘못된 것은?

① 질소산화물(NO_x)의 발생률이 크다.

② 다공형 분사 노즐을 사용한다.

③ 피스톤 헤드를 오목하게 하여 연소실을 형성시킨다.

④ 흡입공기에 방향성을 부여하여 흡기다기관에서 와류를 일으키게 한다.

답안 표기란

47 ① ② ③ ④

48 ① ② ③ ④

49 ① ② ③ ④

50 ① ② ③ ④

51 ① ② ③ ④

47 굴착기로 절토 작업 시 안전 준수사항으로 잘못된 것은?

① 상부에서 붕괴낙하 위험이 있는 장소에서 작업은 금지한다.

② 상·하부 동시작업으로 작업능률을 높인다.

③ 굴착면이 높은 경우에는 계단식으로 굴착한다.

④ 부석이나 붕괴되기 쉬운 지반은 적절한 보강을 한다.

48 연료압력센서(RPS, Rail Pressure Sensor)에 관한 설명으로 옳지 않은 것은?

① 이 센서가 고장이 나면 기관의 시동이 꺼진다.

② 반도체 피에조 소자 방식이다.

③ RPS의 신호를 받아 연료분사량 조정신호로 사용한다.

④ RPS의 신호를 받아 분사시기 조정신호로 사용한다.

49 굴착기 작업 시 진행방향으로 옳은 것은?

① 전진　　　　　　　② 후진

③ 선회　　　　　　　④ 우방향

50 오일 팬에 있는 오일을 흡입하여 기관의 각 운동부분에 압송하는 오일 펌프로 많이 사용되는 것은?

① 피스톤 펌프, 나사 펌프, 원심 펌프

② 나사 펌프, 원심 펌프, 기어 펌프

③ 기어 펌프, 원심 펌프, 베인 펌프

④ 로터리 펌프, 기어 펌프, 베인 펌프

51 굴착기의 효과적인 굴착 작업이 아닌 것은?

① 붐과 암의 각도를 80~110° 정도로 선정한다.

② 버킷 투스의 끝이 암(디퍼스틱)보다 안쪽으로 향해야 한다.

③ 버킷은 의도한대로 위치하고 붐과 암을 계속 변화시키면서 굴착한다.

④ 굴착한 후 암(디퍼스틱)을 오므리면서 붐은 상승위치로 변화시켜 하역위치로 스윙한다.

52 굴착기로 넓은 홈의 굴착 작업 시 알맞은 굴착순서는?

①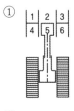

②

③

④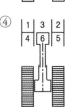

53 건설기계 기관에서 크랭크축(Crank shaft)의 구성 부품이 아닌 것은?

① 크랭크 암(Crank arm)

② 크랭크 핀(Crank pin)

③ 저널(Journal)

④ 플라이휠(Fly wheel)

54 굴착기 작업 중 운전자 하차 시 주의사항으로 틀린 것은?

① 엔진 가동 정지 후 가속 레버를 최대로 당겨 놓는다.

② 타이어식인 경우 경사지에서 정차 시 고임목을 설치한다.

③ 버킷을 땅에 완전히 내린다.

④ 엔진의 가동을 정지시킨다.

55 크랭크축의 위상각이 180°이고 5개의 메인 베어링에 의해 크랭크 케이스에 지지되는 엔진은?

① 2실린더 엔진   ② 3실린더 엔진

③ 4실린더 엔진   ④ 5실린더 엔진

답안 표기란

56 ① ② ③ ④
57 ① ② ③ ④
58 ① ② ③ ④
59 ① ② ③ ④
60 ① ② ③ ④

56 휠형(Wheel type) 굴착기에서 아워 미터의 역할은?

① 엔진 가동시간을 나타낸다.
② 주행거리를 나타낸다.
③ 오일량을 나타낸다.
④ 작동유량을 나타낸다.

57 냉각장치에서 냉각수가 줄어들 때의 원인과 정비 방법 중 설명이 틀린 것은?

① 워터 펌프 불량 : 조정
② 서머스타트 하우징 불량 : 개스킷 및 하우징 교체
③ 히터 혹은 라디에이터 호스 불량 : 수리 및 부품 교환
④ 라디에이터 캡 불량 : 부품 교환

58 라디에이터 앞쪽에 설치되며, 고온·고압의 기체 냉매를 응축시켜 액화상태로 변화시키는 것은?

① 압축기　　　　　　② 응축기
③ 건조기　　　　　　④ 증발기

59 유압유의 점검사항과 관계없는 것은?

① 점도　　　　　　　② 마멸성
③ 소포성　　　　　　④ 윤활성

60 굴착기의 기본 작업 사이클 과정으로 옳은 것은?

① 선회 → 굴착 → 적재 → 선회 → 굴착 → 붐 상승
② 선회 → 적재 → 굴착 → 적재 → 붐 상승 → 선회
③ 굴착 → 적재 → 붐 상승 → 선회 → 굴착 → 선회
④ 굴착 → 붐 상승 → 스윙 → 적재 → 스윙 → 굴착

전체 문제 수 : 60
안 푼 문제 수 : ☐

답안 표기란

1 ① ② ③ ④
2 ① ② ③ ④
3 ① ② ③ ④
4 ① ② ③ ④
5 ① ② ③ ④

1 크롤러형의 굴착기 주행운전에서 적합하지 않은 것은?

① 암반을 통과할 때 엔진의 회전속도는 고속이어야 한다.

② 주행할 때 버킷의 높이는 30~50cm가 좋다.

③ 가능하면 평탄지면을 택하고, 엔진의 회전속도는 중속이 적합하다.

④ 주행할 때 전부(작업)장치는 전방을 향해야 좋다.

2 클러치 부품 중에서 세척유로 세척해서는 안 되는 부품은?

① 릴리스 베어링

② 압력판

③ 릴리스 레버

④ 클러치 커버

3 무한궤도식 굴착기에서 주행 불량 현상의 원인이 아닌 것은?

① 한 쪽 주행 모터의 브레이크 작동이 불량할 때

② 유압 펌프의 토출유량이 부족할 때

③ 트랙에 오일이 묻었을 때

④ 스프로킷이 손상되었을 때

4 기관의 냉각 팬이 회전할 때 공기가 향하는 방향은?

① 방열기 방향

② 엔진 방향

③ 상부 방향

④ 하부 방향

5 유압 브레이크에서 잔압을 유지시키는 역할을 하는 것과 관계있는 것은?

① 부스터

② 피스톤 핀

③ 체크 밸브

④ 실린더

답안 표기란
6 ① ② ③ ④
7 ① ② ③ ④
8 ① ② ③ ④
9 ① ② ③ ④
10 ① ② ③ ④
11 ① ② ③ ④

6 시·도지사가 저당권이 등록된 건설기계를 말소할 때 미리 그 뜻을 건설기계의 소유자 및 이해관계인에게 통보한 후 몇 개월이 지나지 않으면 등록을 말소할 수 없는가?

① 3개월　　　　　　　② 1개월
③ 12개월　　　　　　④ 6개월

7 타이어식 굴착기에서 조향바퀴의 토 인을 조정하는 곳은?

① 조향 핸들　　　　　② 타이 로드
③ 웜 기어　　　　　　④ 드래그 링크

8 건식 공기청정기의 효율 저하를 방지하기 위한 방법으로 가장 적합한 것은?

① 기름으로 닦는다.
② 마른 걸레로 닦아야 한다.
③ 압축공기로 먼지 등을 털어 낸다.
④ 물로 깨끗이 세척한다.

9 기동전동기는 회전되나 엔진은 크랭킹이 되지 않는 원인으로 옳은 것은?

① 축전지 방전
② 기동전동기 전기자 코일 단선
③ 플라이 휠 링 기어의 소손
④ 발전기 브러시 장력 과다

10 디젤기관의 시동보조장치가 아닌 것은?

① 터보 차저　　　　　② 예열플러그
③ 감압장치　　　　　④ 히트 레인지

11 전선에 0.85RW라고 표시되어 있을 경우 R의 의미는?

① 재질　　　　　　　② 바탕색
③ 줄무늬 색　　　　　④ 단면적

답안 표기란

12 ① ② ③ ④
13 ① ② ③ ④
14 ① ② ③ ④
15 ① ② ③ ④
16 ① ② ③ ④
17 ① ② ③ ④

12 교차로 가장자리 또는 도로의 모퉁이로부터 관련법상 몇 m 이내의 장소에 정차 및 주차를 해서는 안 되는가?

① 4m
② 5m
③ 6m
④ 7m

13 건설기계 소유자에게 등록번호 제작명령을 할 수 있는 기관의 장은?

① 국토교통부장관
② 행정안전부장관
③ 경찰청장
④ 시·도지사

14 디젤기관에서 연료가 공급되지 않아 시동이 꺼지는 현상이 발생하였을 때의 원인으로 적합하지 않은 것은?

① 연료 파이프 손상
② 프라이밍 펌프 고장
③ 연료 여과기 막힘
④ 연료 탱크 내의 오물 과다

15 교차로 직전 정지선에 정지하여야 할 신호로 옳은 것은?

① 녹색 및 황색등화
② 황색등화의 점멸
③ 녹색 및 적색등화
④ 황색 및 적색등화

16 유압 펌프를 통하여 송출된 에너지를 직선운동이나 회전운동을 통하여 기계적 일을 하는 기기를 무엇이라고 하는가?

① 오일 냉각기
② 제어 밸브
③ 액추에이터(작업장치)
④ 어큐뮬레이터(축압기)

17 건설기계 등록의 말소 사유에 해당하지 않는 것은?

① 건설기계가 도난당한 때
② 건설기계를 변경할 목적으로 해체한 때
③ 건설기계를 교육·연구목적으로 사용한 때
④ 건설기계의 차대가 등록 시의 차대와 다를 때

18 유량 제어 밸브에 속하는 것은?

① 셔틀 밸브

② 리듀싱 밸브

③ 무부하 밸브

④ 교축 밸브

19 건설기계관리법에서 정의한 건설기계 형식을 가장 잘 나타낸 것은?

① 엔진 구조 및 성능을 말한다.

② 형식 및 규격을 말한다.

③ 성능 및 용량을 말한다.

④ 구조·규격 및 성능 등에 관하여 일정하게 정한 것을 말한다.

20 도로교통법상 술에 취한 상태의 기준으로 옳은 것은?

① 혈중 알코올 농도 0.02% 이상일 때

② 혈중 알코올 농도 0.1% 이상일 때

③ 혈중 알코올 농도 0.03% 이상일 때

④ 혈중 알코올 농도 0.2% 이상일 때

21 유압유 탱크에서 유량을 체크하는 것은?

① 유압계

② 유면계

③ 압력계

④ 온도계

22 경고표지에 속하지 않는 것은?

① 낙하물 경고

② 인화성 물질 경고

③ 방진마스크 경고

④ 급성 독성 물질 경고

23 유압 실린더가 중력으로 인하여 제어속도 이상으로 낙하하는 것을 방지하는 밸브는?

① 방향 제어 밸브

② 리듀싱 밸브

③ 시퀀스 밸브

④ 카운터 밸런스 밸브

답안 표기란

18	① ② ③ ④
19	① ② ③ ④
20	① ② ③ ④
21	① ② ③ ④
22	① ② ③ ④
23	① ② ③ ④

답안 표기란

24 ① ② ③ ④
25 ① ② ③ ④
26 ① ② ③ ④
27 ① ② ③ ④
28 ① ② ③ ④

24 편도 4차로 도로에서 4차로가 버스 전용 차로일 경우 굴착기는 몇 차로로 운행하여야 하는가?

① 1차로
② 2차로
③ 3차로
④ 4차로

25 철길 건널목 통과 방법에 대한 설명으로 틀린 것은?

① 철길 건널목에서는 앞지르기를 하여서는 안 된다.
② 철길 건널목 부근에서는 주정차를 하여서는 안 된다.
③ 철길 건널목에 정지신호가 없을 때에는 서행하면서 운행한다.
④ 철길 건널목에서 반드시 일시정지 후 안전함을 확인하고 통과한다.

26 굴착기의 작업용도로 가장 적합한 것은?

① 화물의 기중, 적재 및 적차 작업에 사용된다.
② 토목공사에서 터파기, 쌓기, 깎기, 되메우기 작업에 사용된다.
③ 도로포장공사에서 지면의 평탄, 다짐 작업에 사용된다.
④ 터널공사에서 발파를 위한 천공 작업에 사용된다.

27 플런저형 유압 펌프의 특징이 아닌 것은?

① 축은 회전 또는 왕복운동을 한다.
② 가변용량이 가능하다.
③ 기어 펌프에 비해 최고 압력이 높다.
④ 피스톤이 회전운동을 한다.

28 수공구 사용 방법으로 옳지 않은 것은?

① 사용한 공구는 지정된 장소에 보관한다.
② 사용 후에는 손잡이 부분에 오일을 발라둔다.
③ 공구는 올바른 방법으로 사용한다.
④ 공구는 크기별로 구별하여 보관한다.

답안 표기란
29 ① ② ③ ④
30 ① ② ③ ④
31 ① ② ③ ④
32 ① ② ③ ④
33 ① ② ③ ④

29 건설기계 조종사의 적성검사 기준으로 옳지 않은 것은?

① 두 눈을 동시에 뜨고 잰 시력이 0.7 이상이고, 두 눈의 시력이 각각 0.3 이상일 것

② 시각은 150° 이상일 것

③ 언어분별력이 80% 이상일 것

④ 교정시력의 경우는 시력이 1.5 이상일 것

30 난연성 작동유의 종류에 해당하지 않는 것은?

① 석유계 작동유   ② 유중수형 작동유

③ 물-글리콜형 작동유   ④ 인산에스텔형 작동유

31 해머 작업에 대한 내용으로 잘못된 것은?

① 녹슨 재료 사용 시 보안경을 착용한다.

② 보안경 헤드 밴드 불량 시 교체하여 사용한다.

③ 작업자가 서로 마주보고 타격한다.

④ 처음에는 작게 휘두르고 차차 크게 휘두른다.

32 굴착기의 작업장치 중 아스팔트, 콘크리트 등을 깰 때 사용되는 것으로 가장 적합한 것은?

① 브레이커   ② 파일 드라이브

③ 마그넷   ④ 드롭 해머

33 유압 실린더의 작동속도가 정상보다 느릴 경우 예상되는 원인으로 가장 적합한 것은?

① 작동유의 점도가 낮아짐을 알 수 있다.

② 작동유의 점도지수가 높다.

③ 계통 내의 흐름 용량이 부족하다.

④ 릴리프 밸브의 조정압력이 너무 높다.

34 그림은 안전표지의 어떠한 내용을 나타내는가?

① 지시표지　　② 금지표지
③ 경고표지　　④ 안내표지

35 굴착기 붐(Boom)은 무엇에 의하여 상부회전체에 연결되어 있는가?

① 테이퍼 핀(Taper pin)　　② 풋 핀(Foot pin)
③ 킹 핀(King pin)　　④ 코터 핀(Cotter pin)

36 유압의 압력을 올바르게 나타낸 것은?

① 압력=단면적×힘　　② 압력=힘÷단면적
③ 압력=단면적÷힘　　④ 압력=힘−단면적

37 굴착기 붐의 자연 하강량이 많을 때의 원인이 아닌 것은?

① 유압 실린더의 내부 누출이 있다.
② 컨트롤 밸브의 스풀에서 누출이 많다.
③ 유압 실린더 배관이 파손되었다.
④ 유압 작동 압력이 과도하게 높다.

38 소화하기 힘든 화재현장에서 올바른 행동은?

① 화재신고　　② 소화기 사용
③ 인명구조　　④ 현장에서 대피

39 굴착기에서 작업장치의 동력전달 순서로 옳은 것은?

① 엔진 → 제어 밸브 → 유압 펌프 → 실린더
② 유압 펌프 → 엔진 → 제어 밸브 → 실린더
③ 유압 펌프 → 엔진 → 실린더 → 제어 밸브
④ 엔진 → 유압 펌프 → 제어 밸브 → 실린더

답안 표기란
34　① ② ③ ④
35　① ② ③ ④
36　① ② ③ ④
37　① ② ③ ④
38　① ② ③ ④
39　① ② ③ ④

답안 표기란

40 ① ② ③ ④
41 ① ② ③ ④
42 ① ② ③ ④
43 ① ② ③ ④
44 ① ② ③ ④
45 ① ② ③ ④

40 안전제일에서 가장 먼저 선행되어야 하는 이념으로 옳은 것은?

① 재산보호
② 생산성 향상
③ 신뢰성 향상
④ 인명보호

41 유압유의 첨가제가 아닌 것은?

① 마모 방지제
② 유동점 강하제
③ 산화 방지제
④ 점도지수 방지제

42 굴착기 작업장치에서 굳은 땅, 언 땅, 콘크리트 및 아스팔트 파괴 또는 나무뿌리 뽑기, 발파한 암석 파기 등에 가장 적합한 것은?

① 폴립 버킷
② 크램쉘
③ 셔블
④ 리퍼

43 공동주택 부지 내에서 굴착작업 시 황색의 가스 보호포가 나왔다. 도시가스 배관은 그 보호포가 설치된 위치로부터 최소한 몇 m 이상 깊이에 매설되어 있는가?(단, 배관의 심도는 0.6m이다)

① 0.2m
② 0.3m
③ 0.4m
④ 0.5m

44 굴착기의 상부회전체는 무엇에 의해 하부주행체와 연결되어 있는가?

① 풋 핀
② 스윙 볼 레이스
③ 스윙 모터
④ 주행 모터

45 굴착기를 이용하여 도로 굴착 작업 중 "고압선 위험" 표지 시트가 발견되었다. 이것으로 유추할 수 있는 것은?

① 표지 시트 좌측에 전력 케이블이 묻혀 있다.
② 표지 시트 우측에 전력 케이블이 묻혀 있다.
③ 표지 시트와 직각방향에 전력 케이블이 묻혀 있다.
④ 표지 시트 직하에 전력 케이블이 묻혀 있다.

답안 표기란
46 ① ② ③ ④
47 ① ② ③ ④
48 ① ② ③ ④
49 ① ② ③ ④
50 ① ② ③ ④

46 굴착기의 밸런스 웨이트(Balance weight)에 대한 설명으로 옳은 것은?

① 작업을 할 때 굴착기의 뒷부분이 들리는 것을 방지한다.

② 굴삭량에 따라 중량물을 들 수 있도록 운전자가 조절하는 장치이다.

③ 접지 압력을 높여주는 장치이다.

④ 접지 면적을 높여주는 장치이다.

47 안전표시 중 응급치료소 응급처치용 장비를 표시하는 데 사용하는 색은?

① 황색과 흑색

② 흑색과 백색

③ 녹색

④ 적색

48 브레이크 파이프 내에 베이퍼 록이 생기는 원인과 관계없는 것은?

① 드럼의 과열

② 지나친 브레이크 조작

③ 잔압의 저하

④ 라이닝과 드럼의 간극과대

49 무한궤도형 굴착기의 장점이 아닌 것은?

① 운송수단 없이 장거리 이동이 가능하다.

② 습지 및 사지에서 작업이 가능하다.

③ 접지 압력이 낮다.

④ 노면 상태가 좋지 않은 장소에서 작업이 용이하다.

50 굴착기 작업장치의 종류에 속하지 않는 것은?

① 파워 셔블

② 백호 버킷

③ 우드 그래플

④ 파이널 드라이브

답안 표기란

51 ① ② ③ ④
52 ① ② ③ ④
53 ① ② ③ ④
54 ① ② ③ ④
55 ① ② ③ ④

51 터보 차저에 사용하는 오일로 적합한 것은?

① 기어 오일　　　　　　② 특수 오일
③ 유압 오일　　　　　　④ 기관 오일

52 무한궤도식 굴착기의 동력전달 계통과 관계가 없는 것은?

① 주행 모터　　　　　　② 최종 감속 기어
③ 유압 펌프　　　　　　④ 추진축

53 납산 축전지를 오랫동안 방전상태로 방치해두면 사용하지 못하게 되는 원인은?

① 극판이 영구 황산납이 되기 때문이다.
② 극판에 산화납이 형성되기 때문이다.
③ 극판에 수소가 형성되기 때문이다.
④ 극판에 녹이 슬기 때문이다.

54 크롤러식 굴착기에서 상부회전체의 회전에는 영향을 주지 않고 주행 모터에 작동유를 공급할 수 있는 부품은?

① 컨트롤 밸브　　　　　② 센터 조인트
③ 사축형 유압 모터　　　④ 언로더 밸브

55 커먼 레일 디젤기관에서 사용하는 공기유량센서(AFS)의 방식은?

① 맵 센서 방식　　　　　② 베인 방식
③ 열막 방식　　　　　　④ 칼만 와류 방식

답안 표기란
56 ① ② ③ ④
57 ① ② ③ ④
58 ① ② ③ ④
59 ① ② ③ ④
60 ① ② ③ ④

56 굴착기의 양쪽 주행 레버를 조작하여 급회전하는 것을 무슨 회전이라고 하는가?

① 저속 회전　　　　② 스핀 회전
③ 피벗 회전　　　　④ 원웨이 회전

57 압력 제어 밸브 중 상시 닫혀 있다가 일정 조건이 되면 열려 작동하는 밸브가 아닌 것은?

① 감압 밸브　　　　② 무부하 밸브
③ 릴리프 밸브　　　④ 시퀀스 밸브

58 일반화재 발생장소에서 화염이 있는 곳을 대피하기 위한 요령은?

ⓐ 머리카락, 얼굴, 발, 손 등을 불과 닿지 않게 한다.
ⓑ 수건에 물을 적셔 코, 입을 막고 탈출한다.
ⓒ 몸을 낮게 엎드려서 통과한다.
ⓓ 옷은 물로 적시고 통과한다.

① ⓐ, ⓑ, ⓒ　　　　② ⓐ, ⓑ, ⓓ
③ ⓐ, ⓑ, ⓒ, ⓓ　　④ ⓐ, ⓒ, ⓓ

59 덤프 트럭에 상차 작업 시 가장 중요한 굴착기의 위치는?

① 선회거리를 가장 짧게 한다.
② 암 작동거리를 가장 짧게 한다.
③ 버킷 작동거리를 가장 짧게 한다.
④ 붐 작동거리를 가장 짧게 한다.

60 가압식 라디에이터 캡의 스프링 장력이 느슨해졌을 때 현상으로 옳은 것은?

① 엔진이 과냉한다.　　② 엔진이 과열한다.
③ 냉각효율이 낮아진다.　④ 비점이 낮아진다.

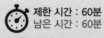
전체 문제 수 : 60
안 푼 문제 수 :

답안 표기란

1 ① ② ③ ④
2 ① ② ③ ④
3 ① ② ③ ④
4 ① ② ③ ④

1 작업별 안전보호구의 착용이 잘못 연결된 것은?

① 그라인딩 작업 : 보안경
② 10m 높이에서의 작업 : 안전벨트
③ 산소 결핍장소에서의 작업 : 공기마스크
④ 아크용접 작업 : 도수가 있는 렌즈 안경

2 굴착기 아워 미터(시간계)의 설치목적이 아닌 것은?

① 가동시간에 맞추어 예방 정비를 한다.
② 가동시간에 맞추어 오일을 교환한다.
③ 각 부위 주유를 정기적으로 하기 위해 설치되어 있다.
④ 하차 만료 시간을 체크하기 위하여 설치되어 있다.

3 교통정리가 행하여지고 있지 않은 교차로에서 차량이 동시에 교차로에 진입한 때의 우선순위로 옳은 것은?

① 소형 차량이 우선한다.
② 우측도로의 차가 우선한다.
③ 좌측도로의 차가 우선한다.
④ 중량이 큰 차량이 우선한다.

4 자동 변속기가 장착된 건설기계의 주차 시 관련사항으로 틀린 것은?

① 평탄한 장소에 주차시킨다.
② 시동 스위치의 키를 "ON"에 놓는다.
③ 전·후진 레버를 중립위치로 한다.
④ 주차 브레이크를 작동하여 건설기계가 움직이지 않게 한다.

답안 표기란

5 ① ② ③ ④
6 ① ② ③ ④
7 ① ② ③ ④
8 ① ② ③ ④
9 ① ② ③ ④

5 디젤기관에서 노킹을 일으키는 원인으로 옳은 것은?

① 흡입공기의 온도가 높을 때
② 착화지연기간이 짧을 때
③ 연료에 공기가 혼입되었을 때
④ 연소실에 누적된 연료가 많아 일시에 연소할 때

6 무한궤도식 굴착기의 유압식 하부추진체 동력전달 순서로 맞는 것은?

① 기관 → 제어 밸브 → 센터 조인트 → 유압 펌프 → 주행 모터 → 트랙
② 기관 → 제어 밸브 → 센터 조인트 → 주행 모터 → 유압 펌프 → 트랙
③ 기관 → 센터 조인트 → 유압 펌프 → 제어 밸브 → 주행 모터 → 트랙
④ 기관 → 유압 펌프 → 제어 밸브 → 센터 조인트 → 주행 모터 → 트랙

7 납산 축전지의 용량에 영향을 미치는 것이 아닌 것은?

① 방전율과 극판의 크기
② 셀 기둥단자의 [+], [−] 표시
③ 전해액의 비중
④ 극판의 크기, 극판의 수

8 굴착기의 조종 레버 중 굴삭 작업과 직접 관계가 없는 것은?

① 버킷 제어 레버   ② 붐 제어 레버
③ 암(스틱) 제어 레버   ④ 스윙 제어 레버

9 굴착기 작업 중 엔진 온도가 급상승하였을 때 가장 먼저 점검하여야 할 것은?

① 윤활유 점도지수 점검   ② 고부하 작업
③ 장기간 작업   ④ 냉각수 양 점검

답안 표기란

10 ① ② ③ ④
11 ① ② ③ ④
12 ① ② ③ ④
13 ① ② ③ ④
14 ① ② ③ ④

10 기어 펌프(Gear pump)에 대한 설명으로 옳은 것은?

> 보기
> ⓐ 정용량형이다.
> ⓑ 가변용량형이다.
> ⓒ 제작이 용이하다.
> ⓓ 다른 펌프에 비해 소음이 크다.

① ⓐ, ⓑ, ⓒ
② ⓐ, ⓑ, ⓓ
③ ⓑ, ⓒ, ⓓ
④ ⓐ, ⓒ, ⓓ

11 기관의 실린더 수가 많은 경우 장점이 아닌 것은?

① 회전력의 변동이 적다.
② 흡입공기의 분배가 간단하고 쉽다.
③ 회전의 응답성이 양호하다.
④ 소음이 감소된다.

12 다음 그림과 같은 교통안전표지의 설명으로 옳은 것은?

① 우로 이중 굽은 도로
② 좌우로 이중 굽은 도로
③ 좌로 굽은 도로
④ 회전형 교차로

13 기관의 냉각장치에 해당하지 않는 부품은?

① 수온조절기
② 릴리프 밸브
③ 방열기
④ 냉각 팬 및 벨트

14 도로교통법상에서 교통안전표지의 구분으로 옳은 것은?

① 주의표지, 통행표지, 규제표지, 지시표지, 차선표지
② 주의표지, 규제표지, 지시표지, 보조표지, 노면표시
③ 도로표지, 주의표지, 규제표지, 지시표지, 노면표시
④ 주의표지, 규제표지, 지시표지, 차선표지, 도로표지

15 타이어식 굴착기의 액슬 허브에 오일을 교환하고자 한다. 오일을 배출시킬 때와 주입할 때의 플러그 위치로 옳은 것은?

① 배출시킬 때 : 1시 방향, 주입할 때 : 9시 방향
② 배출시킬 때 : 6시 방향, 주입할 때 : 9시 방향
③ 배출시킬 때 : 3시 방향, 주입할 때 : 9시 방향
④ 배출시킬 때 : 2시 방향, 주입할 때 : 12시 방향

16 디젤기관 연료라인에 공기빼기를 하여야 하는 경우가 아닌 것은?

① 예열이 안 되어 예열플러그를 교환한 경우
② 연료 호스나 파이프 등을 교환한 경우
③ 연료 탱크 내의 연료가 결핍되어 보충한 경우
④ 연료 필터의 교환, 분사 펌프를 탈·부착한 경우

17 굴착기 하부추진체와 트랙의 점검항목 및 조치사항을 열거한 것 중 틀린 것은?

① 구동 스프로킷의 마멸한계를 초과하면 교환한다.
② 각부 롤러의 이상상태 및 리닝장치의 기능을 점검한다.
③ 트랙 링크의 장력을 규정값으로 조정한다.
④ 리코일 스프링의 손상 등 상·하부 롤러 균열 및 마멸 등이 있으면 교환한다.

18 실린더 헤드와 블록 사이에 삽입하여 압축과 폭발가스의 기밀을 유지하고 냉각수와 엔진 오일이 누출되는 것을 방지하는 역할을 하는 것은?

① 헤드 워터 재킷　　　　② 헤드 오일 통로
③ 헤드 개스킷　　　　　④ 헤드 볼트

답안 표기란	
19	① ② ③ ④
20	① ② ③ ④
21	① ② ③ ④
22	① ② ③ ④
23	① ② ③ ④
24	① ② ③ ④

19 크롤러형 굴착기(유압식)의 센터 조인트에 관한 설명으로 적합하지 않은 것은?

① 상부회전체의 회전중심부에 설치되어 있다.
② 상부회전체의 오일을 주행 모터에 전달한다.
③ 상부회전체가 롤링 작용을 할 수 있도록 설치되어 있다.
④ 상부회전체가 회전하더라도 호스, 파이프 등이 꼬이지 않고 원활히 송유하는 기능을 한다.

20 교류발전기의 다이오드 역할로 옳은 것은?

① 전압 조정   ② 자장 형성
③ 전류 생성   ④ 정류 작용

21 건설기계의 범위에 속하지 않는 것은?

① 노상안정장치를 가진 자주식인 노상안정기
② 정지장치를 갖고 자주식인 모터그레이더
③ 공기 토출량이 매분당 $2.83m^3$ 이상의 이동식인 공기압축기(매 cm^2당 7kg 기준)
④ 펌프식, 포크식, 디퍼식 또는 그래브식으로 자항식인 준설선

22 건설기계 기동전동기의 주요 부품으로 틀린 것은?

① 전기자(아마추어)   ② 계자 코일 및 계자 철심
③ 방열판(히트 싱크)   ④ 브러시 및 브러시 홀더

23 성능이 불량하거나 사고가 자주 발생하는 건설기계의 안전성 등을 점검하기 위해 실시하는 검사와 건설기계 소유자의 신청을 받아 실시하는 검사는?

① 예비검사   ② 구조변경검사
③ 수시검사   ④ 정기검사

24 주행 중 앞지르기 금지 장소가 아닌 것은?

① 교차로   ② 터널 안
③ 버스정류장 부근   ④ 다리 위

답안 표기란

25 ① ② ③ ④
26 ① ② ③ ④
27 ① ② ③ ④
28 ① ② ③ ④
29 ① ② ③ ④
30 ① ② ③ ④

25 2개 이상의 분기회로에서 유압 실린더나 모터의 작동순서를 결정하는 밸브는?

① 리듀싱 밸브 ② 릴리프 밸브

③ 시퀀스 밸브 ④ 파일럿 체크 밸브

26 도로교통법상 주차 금지 장소가 아닌 곳은?

① 화재경보기로부터 5m 지점

② 터널 안

③ 다리 위

④ 소방용 방화 물통으로부터 5m 지점

27 어큐뮬레이터(축압기)의 용도에 해당하지 않는 것은?

① 오일 누설 억제 ② 회로 내의 압력 보상

③ 충격압력의 흡수 ④ 유압 펌프의 맥동 감소

28 건설기계 등록신청 시 첨부하지 않아도 되는 서류는?

① 호적등본

② 건설기계 소유자임을 증명하는 서류

③ 건설기계 제작증

④ 건설기계 제원표

29 압력의 단위가 아닌 것은?

① bar ② kgf/cm^2

③ N-m ④ KPa

30 대형 건설기계의 경고표지판 부착 위치는?

① 작업인부가 쉽게 볼 수 있는 곳

② 조종실 내부의 조종사가 보기 쉬운 곳

③ 교통경찰이 쉽게 볼 수 있는 곳

④ 특별 번호판 옆

답안 표기란

31 ① ② ③ ④
32 ① ② ③ ④
33 ① ② ③ ④
34 ① ② ③ ④
35 ① ② ③ ④

31 유압 모터의 속도를 감속하는 데 사용하는 밸브는?

① 체크 밸브 　　　　　② 디셀러레이션 밸브

③ 변환 밸브 　　　　　④ 압력스위치

32 유압장치 내에 국부적인 높은 압력과 소음·진동이 발생하는 현상은?

① 필터링 　　　　　　② 오버 랩

③ 캐비테이션 　　　　④ 하이드로 로킹

33 연삭 칩의 비산을 막기 위하여 연삭기에 부착하여야 하는 안전방호장치는?

① 안전덮개 　　　　　② 광전식 안전방호장치

③ 급정지장치 　　　　④ 양수 조작식 방호장치

34 사고를 많이 발생시키는 원인을 순서대로 나열한 것은?

① 불안전행위 → 불가항력 → 불안전조건

② 불안전조건 → 불안전행위 → 불가항력

③ 불안전행위 → 불안전조건 → 불가항력

④ 불가항력 → 불안전조건 → 불안전행위

35 굴착기로 작업할 때 주의사항으로 틀린 것은?

① 땅을 깊이 팔 때는 붐의 호스나 버킷 실린더의 호스가 지면에 닿지 않도록 한다.

② 암석, 토사 등을 평탄하게 고를 때는 선회관성을 이용하면 능률적이다.

③ 암 레버의 조작 시 잠깐 멈췄다가 움직이는 것은 유압 펌프의 토출유량이 부족하기 때문이다.

④ 작업 시는 유압 실린더의 행정 끝에서 약간 여유를 남기도록 운전한다.

36 기계 및 기계장치 취급 시 사고 발생 원인이 아닌 것은?

① 불량한 공구를 사용할 때

② 안전장치 및 보호장치가 잘 되어 있지 않을 때

③ 정리정돈 및 조명장치가 잘 되어 있지 않을 때

④ 기계 및 기계장치가 넓은 장소에 설치되어 있을 때

37 굴착기 운전 시 작업 안전사항으로 적합하시 않은 것은?

① 스윙하면서 버킷으로 암석을 부딪쳐 파쇄하는 작업을 하지 않는다.

② 안전한 작업 반경을 초과해서 하중을 이동시킨다.

③ 굴삭하면서 주행하지 않는다.

④ 작업을 중지할 때는 파낸 모서리로부터 굴착기를 이동시킨다.

38 화재를 분류하는 표시 중 유류화재를 나타내는 것은?

① A급   ② B급

③ C급   ④ D급

39 작업장에서 작업복을 착용하는 주된 이유는?

① 작업속도를 높이기 위해서

② 작업자의 복장 통일을 위해서

③ 작업장의 질서를 확립시키기 위해서

④ 재해로부터 작업자의 몸을 보호하기 위해서

40 굴착기로 작업할 때 안전한 작업방법으로 가장 적절하지 않은 것은?

① 작업 후에는 암과 버킷 실린더 로드를 최대로 줄이고 버킷을 지면에 내려놓을 것

② 토사를 굴착하면서 스윙하지 말 것

③ 암석을 옮길 때는 버킷으로 밀어내지 말 것

④ 버킷을 들어 올린 채로 브레이크를 걸어두지 말 것

답안 표기란

41	① ② ③ ④
42	① ② ③ ④
43	① ② ③ ④
44	① ② ③ ④
45	① ② ③ ④

41 정비공장의 정리·정돈 시 안전수칙으로 틀린 것은?

① 소화기구 부근에 장비를 세워두지 말 것

② 바닥에 먼지가 나지 않도록 물을 뿌릴 것

③ 잭 사용 시 반드시 안전작동으로 2중 안전장치를 할 것

④ 사용이 끝난 공구는 즉시 정리하여 공구 상자 등에 보관할 것

42 굴착을 깊게 하여야 하는 작업 시 안전준수사항으로 가장 거리가 먼 것은?

① 여러 단계로 나누지 않고, 한 번에 굴착한다.

② 작업은 가능한 숙련자가 하고, 작업 안전 책임자가 있어야 한다.

③ 작업장소의 조명 및 위험요소의 유무 등에 대하여 점검하여야 한다.

④ 산소 결핍의 위험이 있는 경우는 안전담당자에게 산소 농도 측정 및 기록을 하게 한다.

43 도로 굴착자는 되메움 공사 완료 후 도시가스 배관 손상 방지를 위하여 최소한 몇 개월 이상 지반 침하 유무를 확인하여야 하는가?

① 1개월

② 2개월

③ 3개월

④ 4개월

44 타이어식 굴착기의 휠 얼라인먼트에서 토 인의 필요성이 아닌 것은?

① 조향바퀴의 방향성을 준다.

② 타이어 이상마멸을 방지한다.

③ 조향바퀴를 평행하게 회전시킨다.

④ 바퀴가 옆 방향으로 미끄러지는 것을 방지한다.

45 브레이크에 페이드 현상이 일어났을 때의 조치방법으로 적절한 것은?

① 브레이크 페달을 자주 밟아 열을 발생시킨다.

② 속도를 조금 올려준다.

③ 작동을 멈추고 열이 식도록 한다.

④ 주차 브레이크를 대신 사용한다.

답안 표기란
46　① ② ③ ④
47　① ② ③ ④
48　① ② ③ ④
49　① ② ③ ④

46 트랙에 있는 롤러에 대한 설명으로 틀린 것은?

① 상부롤러는 일반적으로 1~2개가 설치되어 있다.

② 하부롤러는 트랙 프레임의 한 쪽 아래에 3~7개가 설치되어 있다.

③ 상부롤러는 스프로킷과 프런트 아이들러 사이에 트랙이 처지는 것을 방지한다.

④ 하부롤러는 트랙의 마모를 방지해 준다.

47 굴착기 작업 시 작업 안전사항으로 틀린 것은?

① 기중 작업은 가능한 피하는 것이 좋다.

② 경사지 작업 시 측면절삭을 행하는 것이 좋다.

③ 타이어형 굴착기로 작업 시 안전을 위하여 아웃 트리거를 받치고 작업한다.

④ 한 쪽 트랙을 들 때에는 암과 붐 사이의 각도를 90~110° 범위로 해서 들어주는 것이 좋다.

48 크롤러형 굴착기가 진흙에 빠져서 자력으로는 탈출이 거의 불가능하게 된 상태의 경우, 견인방법으로 가장 적당한 것은?

① 버킷으로 지면을 걸고 나온다.

② 두 대의 굴착기 버킷을 서로 걸고 견인한다.

③ 전부장치로 잭업 시킨 후, 후진으로 밀면서 나온다.

④ 하부 기구 본체에 와이어 로프를 걸고 크레인으로 당길 때 굴착기는 주행 레버를 견인방향으로 밀면서 나온다.

49 유압 굴착기의 시동 전에 이뤄져야 하는 외관 점검사항이 아닌 것은?

① 고압호스 및 파이프 연결부 손상 여부

② 각종 오일의 누유 여부

③ 각종 볼트, 너트의 체결 상태

④ 유압유 탱크 필터의 오염 상태

답안 표기란

50	① ② ③ ④
51	① ② ③ ④
52	① ② ③ ④
53	① ② ③ ④
54	① ② ③ ④
55	① ② ③ ④

50 전부장치가 부착된 굴착기를 트레일러로 수송할 때 붐이 향하는 방향으로 가장 적합한 것은?

① 앞 방향   ② 뒤 방향

③ 좌측 방향   ④ 우측 방향

51 굴착기의 효과적인 굴착 작업이 아닌 것은?

① 붐과 암의 각도를 80~110° 정도로 선정한다.

② 버킷 투스의 끝이 암(디퍼스틱)보다 안쪽으로 향해야 한다.

③ 버킷은 의도한대로 위치하고 붐과 암을 계속 변화시키면서 굴착한다.

④ 굴착한 후 암(디퍼스틱)을 오므리면서 붐은 상승위치로 변화시켜 하역위치로 스윙한다.

52 유압 오일 실의 종류 중 O-링이 갖추어야 할 조건은?

① 작동 시 마모가 클 것

② 체결력(죄는 힘)이 작을 것

③ 탄성이 양호하고 압축변형이 적을 것

④ 오일 누설이 클 것

53 굴착기에서 그리스를 주입하지 않아도 되는 곳은?

① 버킷 핀   ② 링키지

③ 트랙 슈   ④ 선회 베어링

54 건설기계 등록신청은 관련법상 건설기계를 취득한 날로부터 얼마의 기간 이내 하여야 하는가?

① 7일   ② 15일

③ 1월   ④ 2월

55 그림의 유압 기호는 무엇을 표시하는가?

① 가변 유압 모터

② 유압 펌프

③ 가변 토출 밸브

④ 가변 흡입 밸브

56 전력 케이블의 매설 깊이로 적정한 것은?

① 차도 및 중량물의 영향을 받을 우려가 없는 경우 0.3m 이상

② 차도 및 중량물의 영향을 받을 우려가 없는 경우 0.6m 이상

③ 차도 및 중량물의 영향을 받을 우려가 있는 경우 0.3m 이상

④ 차도 및 중량물의 영향을 받을 우려가 있는 경우 0.6m 이상

57 방향 전환 밸브 중 4포트 3위치 밸브에 대한 설명으로 틀린 것은?

① 직선형 스풀 밸브이다.

② 스풀의 전환위치가 3개이다.

③ 밸브와 주배관이 접속하는 접속구는 3개이다.

④ 중립위치를 제외한 양끝 위치에서 4포트 2위치 밸브와 같은 기능을 한다.

58 볼트나 너트를 조이고 풀 때의 사항으로 틀린 것은?

① 볼트와 너트는 규정토크로 조인다.

② 토크 렌치는 볼트를 풀 때만 사용한다.

③ 한 번에 조이지 말고 2~3회 나누어 조인다.

④ 규정된 공구를 사용하여 풀고 조이도록 한다.

59 무한궤도식 굴착기의 환향은 무엇에 의하여 작동되는가?

① 주행 펌프 　　　　② 스티어링 휠

③ 스로틀 레버 　　　　④ 주행 모터

60 건설기계에서 사용되는 전기장치에서 과전류에 의한 화재예방을 위해 사용하는 부품은?

① 콘덴서 　　　　② 저항기

③ 퓨즈 　　　　④ 전파방지기

전체 문제 수 : 60
안 푼 문제 수 :

답안 표기란

1	① ② ③ ④
2	① ② ③ ④
3	① ② ③ ④
4	① ② ③ ④
5	① ② ③ ④

1 트랙식 굴착기의 한 쪽 주행 레버만 조작하여 회전하는 것을 무엇이라 하는가?

① 피벗 회전
② 급회전
③ 스핀 회전
④ 원웨이 회전

2 유압기기의 작동속도를 높이기 위하여 무엇을 변화시켜야 하는가?

① 유압 펌프의 토출유량을 증가시킨다.
② 유압 모터의 압력을 높인다.
③ 유압 펌프의 토출압력을 높인다.
④ 유압 모터의 크기를 작게 한다.

3 세미 실드 형식의 전조등을 사용하는 건설기계에서 전조등이 점등되지 않을 때 가장 올바른 조치방법은?

① 전구를 교환한다.
② 전조등을 교환한다.
③ 반사경을 교환한다.
④ 렌즈를 교환한다.

4 굴착기의 3대 주요 구성요소로 가장 적당한 것은?

① 작업장치, 상부회전체, 하부추진체
② 상부조정장치, 하부회전장치, 중간동력장치
③ 상부회전체, 하부회전체, 중간회전체
④ 작업장치, 하부추진체, 중간선회체

5 건설기계 검사소 입고검사 시 모든 축의 제동력의 합은 몇 % 이상이어야 하는가?

① 30%
② 40%
③ 50%
④ 60%

6 유압 작동부에서 오일이 누출되고 있을 때 가장 먼저 점검하여야 할 곳은?

① 피스톤(Piston)　　② 실(Seal)

③ 기어(Gear)　　　④ 펌프(Pump)

7 기관에 장착된 상태의 팬 벨트 장력 점검 방법으로 적당한 것은?

① 벨트 길이 측정게이지로 측정 점검

② 기관 가동 정지 상태에서 벨트의 중심을 엄지손가락으로 눌러서 점검

③ 기관을 가동하여 점검

④ 발전기의 고정 볼트를 느슨하게 하여 점검

8 기관의 오일 압력계 수치가 낮은 경우와 관계 없는 것은?

① 오일 릴리프 밸브가 막혔다.

② 크랭크축 오일 틈새가 크다.

③ 크랭크 케이스에 오일이 적다.

④ 오일 펌프가 불량하다.

9 납산 축전지를 방전하면 양극판과 음극판의 재질은 어떻게 변하는가?

① 황산납이 된다.　　② 해면상납이 된다.

③ 일산화납이 된다.　　④ 과산화납이 된다.

10 터보형 과급기의 작동상태와 관계 없는 설명은?

① 디퓨저에서 공기의 압력에너지가 속도에너지로 바뀌게 된다.

② 배기가스가 임펠러를 회전시키면 공기가 흡입되어 디퓨저에 들어간다.

③ 디퓨저에서는 공기의 속도에너지가 압력에너지로 바뀌게 된다.

④ 압축공기가 각 실린더의 밸브가 열릴 때마다 들어가 충전효율이 증대된다.

11 디젤 엔진 연소실 내의 압축공기를 예열하는 실드형 예열 플러그의 특징이 아닌 것은?

① 병렬로 연결되어 있다.

② 히트 코일이 가는 열선으로 되어 있어 예열 플러그 자체의 저항이 크다.

③ 발열량 및 열용량이 크다.

④ 흡입공기 속에 히트 코일이 노출되어 있어 예열시간이 짧다.

12 운전면허 취소 처분에 해당되는 것은?

① 중앙선 침범

② 신호 위반

③ 과속 운전

④ 면허정지 기간에 운전한 경우

13 디젤기관을 가동시킨 후 충분한 시간이 지났는데도 냉각수 온도가 정상적으로 상승하지 않을 경우 그 고장의 원인이 될 수 있는 것은?

① 수온조절기의 고장 　　② 물 펌프의 고장

③ 라디에이터 코어의 파손 　　④ 냉각 팬 벨트의 헐거움

14 차마가 도로 이외의 장소에 출입하기 위하여 보도를 횡단하려고 할 때 가장 적합한 통행방법은?

① 보행자 유무에 구애받지 않는다.

② 보행자가 없으면 서행한다.

③ 보행자가 있어도 차마가 우선 출입한다.

④ 보도 직전에서 일시정지하여 보행자의 통행을 방해하지 말아야 한다.

15 기관에서 흡입효율을 높이는 장치는?

① 소음기 　　② 압축기

③ 과급기 　　④ 기화기

답안 표기란				
16	①	②	③	④
17	①	②	③	④
18	①	②	③	④
19	①	②	③	④
20	①	②	③	④

16 교통사고 시 사상자가 발생하였을 때 운전자가 즉시 취하여야 할 조치사항 중 가장 옳은 것은?

① 증인 확보 → 정차 → 사상자 구호
② 즉시 정차 → 신고 → 위해 방지
③ 즉시 정차 → 위해 방지 → 신고
④ 즉시 정차 → 사상자 구호 → 신고

17 건설기계관리법령상 건설기계의 총 종류 수는?

① 16종(15종 및 특수건설기계)
② 21종(20종 및 특수건설기계)
③ 27종(26종 및 특수건설기계)
④ 30종(27종 및 특수건설기계)

18 건설기계관리법령상 건설기계 사업의 종류가 아닌 것은?

① 건설기계 매매업   ② 건설기계 대여업
③ 건설기계 해체재활용업   ④ 건설기계 수리업

19 유압 펌프의 토출량을 나타내는 단위는?

① ft·Ib   ② GPM
③ kPa   ④ PSI

20 유압장치의 일상점검 개소가 아닌 것은?

① 유압유의 양   ② 유압유의 색깔
③ 유압유의 온도   ④ 오일 탱크 내부

답안 표기란

21 ① ② ③ ④
22 ① ② ③ ④
23 ① ② ③ ④
24 ① ② ③ ④
25 ① ② ③ ④

21 정차 및 주차 금지 장소에 해당되는 곳은?

① 건널목 가장자리로부터 15m 지점
② 정류장 표시판으로부터 12m 지점
③ 도로의 모퉁이로부터 5m 지점
④ 교차로 가장자리로부터 10m 지점

22 플런저가 구동축의 직각방향으로 설치되어 있는 유압 모터는?

① 캠형 플런저 모터
② 액시얼 플런저 모터
③ 블래더 플런저 모터
④ 레이디얼 플런저 모터

23 건설기계의 등록사항 변경 또는 등록이전신고 대상이 아닌 것은?

① 소유자 변경
② 소유자의 주소 변경
③ 건설기계 소재지 변동
④ 건설기계의 사용본거지 변경

24 도시가스 매설 배관 표지판의 설치 기준으로 바르지 않은 것은?

① 설치간격은 500m마다 1개 이상이다.
② 표지판 모양은 직사각형이다.
③ 포장도로 및 공동주택 부지 내의 도로에 라인마크(Line mark)
와 함께 설치한다.
④ 황색바탕에 검정색 글씨로 도시가스 배관임을 알리고 연락처 등
을 표시한다.

25 유압장치의 기호 회로도에 사용되는 유압기호의 표시방법으로 옳지
않은 것은?

① 기호에는 흐름의 방향을 표시한다.
② 각 기기의 기호는 정상상태 또는 중립상태를 표시한다.
③ 기호는 어떠한 경우에도 회전하여서는 안 된다.
④ 기호에는 각 기기의 구조나 작용압력을 표시하지 않는다.

답안 표기란

26 ① ② ③ ④
27 ① ② ③ ④
28 ① ② ③ ④
29 ① ② ③ ④
30 ① ② ③ ④

26 가스용접의 안전 작업으로 적합하지 않은 것은?

① 산소 누설 시험은 비눗물을 사용한다.
② 토치 끝으로 용접물의 위치를 바꾸거나 재를 제거하면 안 된다.
③ 토치에 점화할 때 성냥불과 담뱃불로 사용하여도 된다.
④ 산소 봄베와 아세틸렌 봄베 가까이에서 불꽃 조정을 피한다.

27 금속 사이의 마찰을 방지하기 위한 방안으로 마찰계수를 저하시키기 위하여 사용되는 첨가제는?

① 방청제
② 유성 향상제
③ 점도지수 향상제
④ 유동점 강하제

28 운반 작업 시의 안전수칙 중 틀린 것은?

① 무거운 물건을 이동할 때 호이스트 등을 활용한다.
② 화물은 될 수 있는 대로 중심을 높게 한다.
③ 어깨보다 높게 들어 올리지 않는다.
④ 무리한 자세로 장시간 사용하지 않는다.

29 안전보건표지의 종류와 형태에서 다음 그림의 표지로 맞는 것은?

① 안전복 착용
② 안전모 착용
③ 보안경 착용
④ 출입금지

30 운전 중 작동유는 공기 중의 산소와 화합하여 열화되는데 이 열화를 촉진시키는 직접적인 인자에 속하지 않는 것은?

① 열의 영향
② 금속의 영향
③ 수분의 영향
④ 유압이 낮을 때 영향

답안 표기란
31 ① ② ③ ④
32 ① ② ③ ④
33 ① ② ③ ④
34 ① ② ③ ④
35 ① ② ③ ④

31 굴착기 붐(Boom)은 무엇에 의하여 상부회전체에 연결되어 있는가?

① 테이퍼 핀(Taper pin) ② 풋 핀(Foot pin)

③ 킹 핀(King pin) ④ 코터 핀(Cotter pin)

32 안전한 작업을 위해 보안경을 착용하여야 하는 작업은?

① 엔진 오일 보충 및 냉각수 점검 작업

② 제동등 작동 점검

③ 건설기계의 하체 점검 작업

④ 전기저항 측정 및 배선 점검 작업

33 굴착기 작업장치에서 배수로, 농수로 등 도랑파기 작업을 할 때 가장 알맞은 버킷은?

① V형 버킷 ② 리퍼 버킷

③ 폴립 버킷 ④ 힌지드 버킷

34 유압 펌프의 기능을 설명한 것으로 가장 적합한 것은?

① 유압회로 내의 압력을 측정하는 기구이다.

② 어큐뮬레이터와 동일한 기능을 한다.

③ 유압에너지를 동력으로 변환한다.

④ 원동기의 기계적에너지를 유압에너지로 변환한다.

35 유압 모터를 이용한 스크루로 구멍을 뚫고 전신주 등을 박는 작업에 사용되는 굴착기 작업장치는?

① 그래플(Grapple) ② 브레이커(Breaker)

③ 오거(Auger) ④ 리퍼(Ripper)

36 불안전한 행동이 아닌 것은?

① 작업장소의 공간 부족

② 안전장치의 기능 제거

③ 불안전한 속도 조작

④ 복장·보호구의 잘못된 사용

37 굴착기의 기본 작업 사이클 과정으로 옳은 것은?

① 선회 → 굴착 → 적재 → 선회 → 굴착 → 붐 상승

② 선회 → 적재 → 굴착 → 적재 → 붐 상승 → 선회

③ 굴착 → 적재 → 붐 상승 → 선회 → 굴착 → 선회

④ 굴착 → 붐 상승 → 스윙 → 적재 → 스윙 → 굴착

38 작업현장에서 사용되는 안전표지 색으로 잘못 짝지어진 것은?

① 빨간색 : 방화 표시

② 노란색 : 충돌·추락 주의 표시

③ 녹색 : 비상구 표시

④ 보라색 : 안전지도 표시

39 무한궤도형 굴착기에는 유압 모터가 몇 개 설치되어 있는가?

① 1개 　　　　　② 2개

③ 3개 　　　　　④ 5개

40 감전재해의 대표적인 발생 형태로 틀린 것은?

① 누전상태의 전기기기에 인체가 접촉되는 경우

② 고압전력선에 안전거리 이상 이격한 경우

③ 전기기기의 충전부와 대지 사이에 인체가 접촉되는 경우

④ 전선이나 전기기기의 노출된 충전부의 양단 간에 인체가 접촉되는 경우

답안 표기란

41	① ② ③ ④
42	① ② ③ ④
43	① ② ③ ④
44	① ② ③ ④
45	① ② ③ ④

41 굴착기의 작업장치에 해당되지 않는 것은?

① 브레이커

② 파일 드라이브

③ 힌지드 버킷

④ 백호

42 타이어형 굴착기에 사용되는 저압 타이어의 호칭 치수 표시는?

① 타이어의 외경 – 타이어의 폭 – 플라이 수

② 타이어의 폭 – 타이어의 내경 – 플라이 수

③ 타이어의 폭 – 림의 지름

④ 타이어의 내경–타이어의 폭 – 플라이 수

43 수공구 취급 시 지켜야 될 안전수칙으로 옳은 것은?

① 줄질 후 쇳가루는 입으로 불어낸다.

② 해머 작업 시 손에 장갑을 끼고 한다.

③ 사용 전에 충분한 사용법을 숙지하고 익히도록 한다.

④ 큰 회전력이 필요한 경우 스패너에 파이프를 끼워서 사용한다.

44 굴착기로 작업할 때 주의사항으로 틀린 것은?

① 땅을 깊이 팔 때는 붐의 호스나 버킷 실린더의 호스가 지면에 닿지 않도록 한다.

② 암석, 토사 등을 평탄하게 고를 때는 선회관성을 이용하면 능률적이다.

③ 암 레버의 조작 시 잠깐 멈췄다 움직이는 것은 유압 펌프의 토출 유량이 부족하기 때문이다.

④ 작업 시는 유압 실린더의 행정 끝에서 약간 여유를 남기도록 운전한다.

45 클러치의 구비조건으로 틀린 것은?

① 동력차단이 신속할 것   ② 회전부분 평형이 좋을 것

③ 방열이 잘 될 것   ④ 구조가 복잡할 것

답안 표기란

46 ① ② ③ ④
47 ① ② ③ ④
48 ① ② ③ ④
49 ① ② ③ ④
50 ① ② ③ ④

46 굴착기 작업장치의 핀 등에 그리스가 주유되었는지를 확인하는 방법으로 옳은 것은?

① 그리스 니플을 분해하여 확인한다.
② 그리스 니플을 깨끗이 청소한 후 확인한다.
③ 그리스 니플의 볼을 눌러 확인한다.
④ 그리스 주유 후 확인할 필요가 없다.

47 보기 중 무한궤도형 굴착기에서 트랙 장력 조정 방법으로 모두 옳은 것은?

보기	
ⓐ 그리스 주입 방식	① ⓐ, ⓒ
ⓑ 너트 조정 방식	② ⓐ, ⓑ
ⓒ 전자 제어 방식	③ ⓐ, ⓑ, ⓒ
ⓓ 유압 조정 방식	④ ⓑ, ⓒ, ⓓ

48 무한궤도식 굴착기와 타이어식 굴착기의 운전 특성에 대한 설명으로 틀린 것은?

① 무한궤도식은 습지, 사지에서의 작업이 유리하다.
② 타이어식은 변속 및 주행속도가 빠르다.
③ 무한궤도식은 기복이 심한 곳에서 작업이 불리하다.
④ 타이어식은 장거리 이동이 빠르고, 기동성이 양호하다.

49 굴삭 작업 시 작업능력이 떨어지는 원인으로 옳은 것은?

① 트랙 슈에 주유가 안 됨
② 아워 미터 고장
③ 조향 핸들 유격 과다
④ 릴리프 밸브 조정 불량

50 화재가 발생하기 위한 3가지 요소가 모두 맞게 연결된 것은?

① 가연성 물질, 점화원, 산소
② 산화 물질, 소화원, 산소
③ 산화 물질, 점화원, 질소
④ 가연성 물질, 소화원, 산소

51 굴착기 붐의 작동이 느린 이유가 아닌 것은?

① 작동유에 이물질 혼입 ② 작동유의 압력 저하

③ 작동유의 압력 과다 ④ 작동유의 압력 부족

52 그림과 같은 일반적으로 사용하는 유압기호에 해당하는 밸브는?

① 체크 밸브

② 시퀀스 밸브

③ 릴리프 밸브

④ 리듀싱 밸브

53 타이어식 굴착기에서 유압식 동력전달장치 중 변속기를 직접 구동시키는 것은?

① 선회 모터 ② 주행 모터

③ 토크 컨버터 ④ 기관

54 전기회로에 대한 설명 중 잘못된 것은?

① 절연 불량은 절연물의 균열, 열, 물, 오물 등에 의해 절연이 파괴되는 현상을 말하며, 이때 전류가 차단된다.

② 노출된 전선이 다른 전선과 접촉하는 것을 단락이라 한다.

③ 접촉 불량은 스위치의 접점이 녹거나 단자에 녹이 발생하여 저항값이 증가하는 것을 말한다.

④ 회로가 절단되거나 커넥터의 결합이 해제되어 회로가 끊어진 상태를 단선이라 한다.

55 굴착기의 상부회전체 작동유를 하부주행체로 전달하는 역할을 하고 상부회전체가 선회 중에 배관이 꼬이지 않게 하는 것은?

① 주행 모터 ② 선회 감속장치

③ 센터 조인트 ④ 선회 모터

56 정비명령을 이행하지 아니한 자에 대한 벌칙은?

① 1년 이하의 징역 또는 1000만 원 이하의 벌금

② 100만 원 이하의 벌금

③ 50만 원 이하의 벌금

④ 30만 원 이하의 벌금

57 유압식 굴착기의 주행동력으로 이용되는 것은?

① 차동장치 　　　　② 전기 모터

③ 유압 모터 　　　　④ 변속기 동력

58 기관에서 엔진 오일이 연소실로 올라오는 이유는?

① 피스톤 링 마모 　　② 피스톤 핀 마모

③ 커넥팅 로드 마모 　④ 크랭크축 마모

59 타이어형 굴착기의 주행 전 주의사항으로 틀린 것은?

① 버킷 실린더, 암 실린더를 충분히 늘려 펴서 버킷이 캐리어 상면 높이 위치에 있도록 한다.

② 버킷 레버, 암 레버, 붐 실린더 레버가 움직이지 않도록 잠가둔다.

③ 선회 고정장치는 반드시 풀어 놓는다.

④ 굴착기에 그리스, 오일, 진흙 등이 묻어 있는지 점검한다.

60 보호자 없이 아동, 유아가 자동차의 진행 전방에서 놀고 있을 때 사고 방지상 지켜야 할 안전한 통행방법은?

① 일시정지한다.

② 안전을 확인하면서 빨리 통과한다.

③ 비상등을 켜고 서행한다.

④ 경음기를 울리면서 서행한다.

전체 문제 수 : 60
안 푼 문제 수 :

1 굴착기의 굴삭 작업은 주로 무엇을 사용하는가?
① 버킷 실린더
② 암 실린더
③ 붐 실린더
④ 주행 모터

2 디젤 엔진의 시동을 멈추기 위한 방법으로 가장 적합한 것은?
① 연료 공급을 차단한다.
② 축전지에 연결된 전선을 끊는다.
③ 기어를 넣어서 기관을 정지시킨다.
④ 초크 밸브를 닫는다.

3 건설기계의 등록 전 임시운행 사유에 해당되지 않는 것은?
① 장비 구입 전 이상 유무를 확인하기 위해 1일간 예비운행을 하는 경우
② 등록신청을 하기 위하여 건설기계를 등록지로 운행하는 경우
③ 수출을 하기 위하여 건설기계를 선적지로 운행하는 경우
④ 신개발 건설기계를 시험·연구의 목적으로 운행하는 경우

4 굴착기 운전 중 주의사항으로 가장 거리가 먼 것은?
① 기관을 필요 이상 공회전시키지 않는다.
② 급가속, 급브레이크는 굴착기에 악영향을 주므로 피한다.
③ 커브 주행은 커브에 도달하기 전에 속력을 줄이고, 주의하여 주행한다.
④ 주행 중 이상소음, 이상냄새 등을 느낀 경우에는 작업 후 점검한다.

답안 표기란

5 ① ② ③ ④
6 ① ② ③ ④
7 ① ② ③ ④
8 ① ② ③ ④
9 ① ② ③ ④

5 4행정 사이클 기관에서 크랭크축 기어와 캠축 기어와의 지름비 및 회전비는 각각 얼마인가?

① 1:2 및 2:1
② 1:2 및 1:2
③ 2:1 및 1:2
④ 2:1 및 2:1

6 굴착기에서 작업장치의 동력전달 순서로 옳은 것은?

① 기관 → 제어 밸브 → 유압 펌프 → 실린더
② 유압 펌프 → 기관 → 제어 밸브 → 실린더
③ 유압 펌프 → 기관 → 실린더 → 제어 밸브
④ 기관 → 유압 펌프 → 제어 밸브 → 실린더

7 기관 방열기에 연결된 보조탱크의 역할을 설명한 것으로 적합하지 않은 것은?

① 냉각수의 체적팽창을 흡수한다.
② 장기간 냉각수 보충이 필요 없다.
③ 오버 플로(Over flow) 되어도 증기만 방출된다.
④ 냉각수 온도를 적절하게 조절한다.

8 4행정 사이클 기관에서 쓰이는 오일 펌프의 종류는?

① 로터리 펌프, 나사 펌프, 베인 펌프
② 포막 펌프, 기어 펌프, 베인 펌프
③ 기어 펌프, 플런저 펌프, 나사 펌프
④ 플런저 펌프, 기어 펌프, 베인 펌프

9 보기에서 도로교통법상 어린이보호와 관련하여 위험성이 커서 운전자가 특별히 주의하여야 할 놀이기구로 지정한 것을 모두 조합한 것은?

보기
ⓐ 킥보드
ⓑ 롤러스케이트
ⓒ 인라인스케이트
ⓓ 스케이트보드
ⓔ 스노보드

① ⓐ, ⓑ
② ⓐ, ⓑ, ⓒ, ⓓ
③ ⓐ, ⓑ, ⓒ
④ ⓐ, ⓑ, ⓒ, ⓓ, ⓔ

10 건설기계의 전기회로를 보호하기 위한 장치는?

① 캠버

② 퓨저블 링크

③ 안전밸브

④ 턴 시그널 램프

11 12V 배터리의 셀(Cell) 연결 방법으로 옳은 것은?

① 3개를 병렬로 연결한다.

② 3개를 직렬로 연결한다.

③ 6개를 직렬로 연결한다.

④ 6개를 병렬로 연결한다.

12 도로를 통행하는 자동차가 야간에 켜야 하는 등화의 구분 중 견인되는 자동차가 켜야 하는 등화는?

① 전조등, 차폭등, 미등

② 차폭등, 미등, 번호등

③ 전조등, 미등, 번호등

④ 전조등, 차폭등, 미등

13 전조등 회로의 구성으로 틀린 것은?

① 퓨즈

② 점화 스위치

③ 라이트 스위치

④ 디머 스위치

14 교류발전기 다이오드의 냉각장치로 옳은 것은?

① 냉각 팬

② 냉각 튜브

③ 히트 싱크

④ 엔드 프레임에 설치된 오일장치

답안 표기란				
10	①	②	③	④
11	①	②	③	④
12	①	②	③	④
13	①	②	③	④
14	①	②	③	④

15 최고 속도 15km/h 미만 타이어식 건설기계에 갖추지 않아도 되는 조명장치는?

① 후부반사기 ② 전조등
③ 번호등 ④ 제동등

16 연료압력센서(RPS, Rail Pressure Sensor)에 관한 설명으로 옳지 않은 것은?

① 센서가 고장이 나면 기관의 시동이 꺼진다.
② 반도체 피에조 소자방식이다.
③ RPS의 신호를 받아 연료분사량 조정신호로 사용한다.
④ RPS의 신호를 받아 분사시기 조정신호로 사용한다.

17 주행 중 앞지르기 금지 장소가 아닌 곳은?

① 교차로 ② 터널 안
③ 버스정류장 부근 ④ 다리 위

18 건설기계 등록신청은 누구에게 하는가?

① 지방경찰청장 ② 행정안전부장관
③ 서울특별시장 ④ 읍·면·동장

19 액체의 일반적인 성질이 아닌 것은?

① 액체는 힘을 전달할 수 있다.
② 액체는 운동을 전달할 수 있다.
③ 액체는 압축할 수 있다.
④ 액체는 운동방향을 바꿀 수 있다.

답안 표기란

15 ① ② ③ ④
16 ① ② ③ ④
17 ① ② ③ ④
18 ① ② ③ ④
19 ① ② ③ ④

답안 표기란

20 ① ② ③ ④
21 ① ② ③ ④
22 ① ② ③ ④
23 ① ② ③ ④
24 ① ② ③ ④
25 ① ② ③ ④

20 유압장치에서 오일의 역류를 방지하기 위한 밸브는?

① 변환 밸브   ② 압력 조절 밸브

③ 체크 밸브   ④ 흡기 밸브

21 도로교통법상 주·정차 금지 구역이 아닌 곳은?

① 전신주로부터 10m 이내

② 소화전으로부터 5m 이내

③ 교차로 가장자리로부터 5m 이내

④ 화재경보기로부터 3m 이내

22 유압 제어 밸브 설명으로 틀린 것은?

① 일의 크기 : 압력 제어 밸브

② 일의 방향 : 방향 제어 밸브

③ 일의 속도 : 유량 제어 밸브

④ 일의 시간 : 속도 제어 밸브

23 건설기계 등록신청에 대한 설명으로 옳은 것은?

① 시·군·구청장에게 취득한 날로부터 10일 이내 등록신청을 한다.

② 시·도지사에게 취득한 날로부터 15일 이내 등록신청을 한다.

③ 시·군·구청장에게 취득한 날로부터 1개월 이내 등록신청을 한다.

④ 시·도지사에게 취득한 날로부터 2개월 이내 등록신청을 한다.

24 유압 도면 기호에서 압력스위치를 나타내는 것은?

①   ②

③   ④

25 유압 실린더의 피스톤에서 많이 쓰는 링은?

① O-링   ② U-링

③ V-링   ④ C-링

답안 표기란

26 ① ② ③ ④
27 ① ② ③ ④
28 ① ② ③ ④
29 ① ② ③ ④
30 ① ② ③ ④
31 ① ② ③ ④

26 자동차 제1종 대형면허로 운전할 수 없는 건설기계는?

① 덤프트럭
② 트럭적재식 천공기
③ 아스팔트 살포기
④ 콘크리트 피니셔

27 유압계통의 오일장치 내에 슬러지 등이 생겼을 때 이것을 용해하여 장치 내를 깨끗이 하는 작업은?

① 플러싱
② 트랩핑
③ 서징
④ 코킹

28 장갑을 착용하고 작업을 해선 안 되는 작업은?

① 해머 작업
② 청소 작업
③ 차량일상 점검 작업
④ 용접 작업

29 굴착기 작업 방법 중 틀린 것은?

① 버킷으로 옆으로 밀거나 스윙할 때의 충격력을 이용하지 말 것
② 하강하는 버킷이나 붐의 중력을 이용하여 굴착할 것
③ 굴착부분을 주의 깊게 관찰하면서 작업할 것
④ 과부하를 받으면 버킷을 지면에 내리고 모든 레버를 중립으로 할 것

30 유압장치 중에서 회전운동을 하는 것은?

① 유압 모터
② 유압 실린더
③ 축압기
④ 급속 배기 밸브

31 신호등이 없는 교차로에 좌회전하려는 버스와 그 교차로에 진입하여 직진하고 있는 건설기계가 있을 때 어느 차가 우선권이 있는가?

① 건설기계
② 그때의 형편에 따라서 우선순위가 정해짐
③ 사람이 많이 탄 차 우선
④ 좌회전 차가 우선

32 하인리히가 말한 안전의 3요소에 속하지 않는 것은?

① 교육적 요소　　　　② 자본적 요소

③ 기술적 요소　　　　④ 관리적 요소

33 유압회로의 압력을 점검하는 위치로 가장 적당한 것은?

① 오일 탱크와 유압 펌프 사이

② 유압 펌프와 제어 밸브 사이

③ 유압 실린더와 오일 탱크 사이

④ 오일 탱크에서 직접 점검

34 용접 시 주의사항으로 틀린 것은?

① 가열된 용접봉 홀더는 물에 넣어 냉각시킨다.

② 슬러지를 제거할 때는 보안경을 착용한다.

③ 피부 노출이 없어야 한다.

④ 우천 시 옥외 작업을 하지 않는다.

35 어큐뮬레이터(축압기)의 사용목적이 아닌 것은?

① 유압회로 내의 압력 상승　　② 충격압력 흡수

③ 유체의 맥동 감소　　　　　　④ 압력 보상

36 보호구 구비조건으로 틀린 것은?

① 착용이 간편해야 한다.

② 작업에 방해가 안 되어야 한다.

③ 구조와 끝마무리가 양호해야 한다.

④ 유해 위험요소에 대한 방호성능이 경미해야 한다.

37 유압 실린더에서 피스톤 행정이 끝날 때 발생하는 충격을 흡수하기 위해 설치하는 장치는?

① 서보 밸브　　　　② 압력 보상 장치

③ 쿠션기구　　　　④ 스로틀 밸브

32 ① ② ③ ④
33 ① ② ③ ④
34 ① ② ③ ④
35 ① ② ③ ④
36 ① ② ③ ④
37 ① ② ③ ④

답안 표기란

38 ① ② ③ ④
39 ① ② ③ ④
40 ① ② ③ ④
41 ① ② ③ ④
42 ① ② ③ ④
43 ① ② ③ ④

38 굴착기의 작업 중 운전자가 관심을 가져야 할 사항이 아닌 것은?

① 엔진속도 게이지
② 온도 게이지
③ 작업속도 게이지
④ 장비의 잡음 상태

39 연삭기의 안전한 사용 방법이 아닌 것은?

① 숫돌 덮개 설치 후 작업
② 숫돌 측면 사용 제한
③ 보안경과 방진마스크 착용
④ 숫돌과 받침대 간격을 가능한 한 넓게 유지한다.

40 무한궤도식 굴착기의 주행 방법 중 잘못된 것은?

① 가능하면 평탄한 길을 택하여 주행한다.
② 요철이 심한 곳에서는 엔진 회전수를 높여 통과한다.
③ 돌이 주행 모터에 부딪치지 않도록 한다.
④ 연약한 땅을 피해서 간다.

41 근로자가 안전하게 작업을 할 수 있는 세부작업 행동지침은?

① 작업지시
② 안전표지
③ 안전수칙
④ 작업수칙

42 굴착기 작업 중 운전자 하차 시 주의사항으로 틀린 것은?

① 엔진 가동 정지 후 가속 레버를 최대로 당겨 놓는다.
② 타이어식인 경우 경사지에서 정차 시 고임목을 설치한다.
③ 버킷을 땅에 완전히 내린다.
④ 엔진의 가동을 정지시킨다.

43 안전·보건표지의 종류와 형태에서 다음 그림과 같은 표지는?

① 인화성 물질 경고
② 금연
③ 화기 금지
④ 산화성 물질 경고

44 굴착기로 작업할 때 안전한 작업 방법에 관한 사항으로 가장 적절하지 않은 것은?

① 작업 후에는 암과 버킷 실린더 로드를 최대로 줄이고 버킷을 지면에 내려놓을 것
② 토사를 굴착하면서 스윙하지 말 것
③ 암석을 옮길 때는 버킷으로 밀어내지 말 것
④ 버킷을 들어 올린 채로 브레이크를 걸어두지 말 것

45 토크 컨버터 구성 부품 중 스테이터의 기능으로 옳은 것은?

① 오일의 방향을 바꾸어 회전력을 증대시킨다.
② 토크 컨버터의 동력을 전달 또는 차단시킨다.
③ 오일의 회전속도를 감속하여 견인력을 증대시킨다.
④ 클러치판의 마찰력을 감소시킨다.

46 트랙의 슈의 종류가 아닌 것은?

① 2중 돌기 슈 ② 3중 돌기 슈
③ 4중 돌기 슈 ④ 고무 슈

47 전선을 철탑의 완금(Arm)에 고정시키고 전기적으로 절연하기 위하여 사용하는 것은?

① 가공전선 ② 애자
③ 완철 ④ 클램프

48 굴착기의 주행 레버를 한 쪽으로 당겨 회전하는 방식을 무엇이라고 하는가?

① 피벗 턴 ② 스핀 턴
③ 급회전 ④ 원웨이 회전

49 도시가스 작업 중 굴착기의 브레이커로 도시가스관 파손 시 가장 먼저 해야 할 일과 거리가 먼 것은?

① 차량을 통제한다.
② 브레이커를 빼지 않고 도시가스 관계자에게 연락한다.
③ 소방서에 연락한다.
④ 라인 마크를 따라가 파손된 가스관과 연결된 가스 밸브를 잠근다.

44	①	②	③	④
45	①	②	③	④
46	①	②	③	④
47	①	②	③	④
48	①	②	③	④
49	①	②	③	④

답안 표기란

50	① ② ③ ④
51	① ② ③ ④
52	① ② ③ ④
53	① ② ③ ④
54	① ② ③ ④
55	① ② ③ ④

50 크롤러형 굴착기가 주행 중 주행방향이 틀려지고 있을 때 그 원인과 가장 관계가 적은 것은?

① 트랙의 균형이 맞지 않을 때
② 유압계통에 이상이 있을 때
③ 트랙 슈가 약간 마모되었을 때
④ 지면이 불규칙할 때

51 진공식 제동 배력장치의 설명 중 옳은 것은?

① 진공 밸브가 새면 브레이크가 전혀 듣지 않는다.
② 릴레이 밸브의 다이어프램이 파손되면 브레이크는 듣지 않는다.
③ 릴레이 밸브 피스톤 컵이 파손되어도 브레이크는 듣는다.
④ 하이드로릭, 피스톤의 체크 볼이 밀착 불량이면 브레이크가 듣지 않는다.

52 토사 굴토 작업, 굴착 작업, 도랑파기 작업, 쌓기, 깎기, 되메우기, 토사 상차 작업에 사용하는 건설기계로 옳은 것은?

① 롤러
② 천공기
③ 지게차
④ 굴착기

53 변속기의 필요조건으로 가장 거리가 먼 것은?

① 회전력을 증대시킨다.
② 회전수를 증가시킨다.
③ 역전이 가능하게 한다.
④ 기관을 무부하 상태로 한다.

54 굴착기 작업 시 진행방향으로 옳은 것은?

① 전진
② 후진
③ 선회
④ 우방향

55 굴착기를 트레일러에 상·하차하는 방법 중 틀린 것은?

① 언덕을 이용한다.
② 기중기를 이용한다.
③ 타이어를 이용한다.
④ 전용 상하차대를 이용한다.

답안 표기란

56 ① ② ③ ④
57 ① ② ③ ④
58 ① ② ③ ④
59 ① ② ③ ④
60 ① ② ③ ④

56 기관에서 워터 펌프의 역할로 옳은 것은?

① 정온기 고장 시 자동으로 작동하는 펌프이다.
② 기관의 냉각수 온도를 일정하게 유지한다.
③ 기관의 냉각수를 순환시킨다.
④ 냉각수 수온을 자동으로 조절한다.

57 타이어식 굴착기 주행 중 발생할 수 있는 히트 세퍼레이션 현상에 대한 설명으로 맞는 것은?

① 물에 젖은 노면을 고속으로 달리면 타이어와 노면 사이에 수막이 생기는 현상
② 고속으로 주행 중 타이어가 터져버리는 현상
③ 고속 주행 시 차체가 좌·우로 밀리는 현상
④ 고속 주행할 때 타이어 공기압이 낮아져 타이어가 찌그러지는 현상

58 굴착기의 작업장치 중 아스팔트, 콘크리트 등을 깰 때 사용되는 것으로 가장 적합한 것은?

① 브레이커　　　② 파일 드라이브
③ 마그넷　　　　④ 드롭 해머

59 재해율 중 연천인율 계산식으로 옳은 것은?

① (재해자 수/평균 근로자 수)×1,000
② (재해율×근로자 수)/1,000
③ 강도율×1,000
④ 재해자 수÷연평균 근로자 수

60 점토, 석탄 등의 굴착 작업에 사용하며, 절입 성능이 좋은 버킷 투스(포인트)는?

① 로크형 포인트(Lock type point)
② 롤러형 포인트(Roller type point)
③ 샤프형 포인트(Sharp type point)
④ 슈형 포인트(Shoe type point)

전체 문제 수 : 60
안 푼 문제 수 : ☐

1 산업재해의 분류에서 사람이 평면상으로 넘어졌을 때(미끄러짐 포함)를 말하는 것은?

① 낙하
② 충돌
③ 전도
④ 추락

2 굴착기의 작업장치 연결부(작동부) 니플에 주유하는 것은?

① 그리스
② 엔진 오일
③ 기어 오일
④ 유압유

3 차마 서로 간의 통행 우선 순위로 바르게 연결된 것은?

① 긴급자동차 → 긴급자동차 외의 자동차 → 자동차 및 원동기장치자전거 외의 차마 → 원동기장치자전거

② 긴급자동차 외의 자동차 → 긴급자동차 → 자동차 및 원동기장치자전거 외의 차마 → 원동기장치자전거

③ 긴급자동차 외의 자동차 → 긴급자동차 → 원동기장치자전거 → 자동차 및 원동기장치자전거 외의 차마

④ 긴급자동차 → 긴급자동차 외의 자동차 → 원동기장치자전거 → 자동차 및 원동기장치자전거 외의 차마

4 굴착기를 트레일러에 상차하는 방법으로 가장 적합하지 않은 것은?

① 가급적 경사대를 사용한다.

② 트레일러로 운반 시 작업장치를 반드시 앞쪽으로 한다.

③ 경사대는 10~15° 정도 경사시키는 것이 좋다.

④ 붐을 이용하여 버킷으로 차체를 들어 올려 탑재하는 방법도 이용되지만 전복의 위험이 있어 특히 주의를 요한다.

답안 표기란	
5	① ② ③ ④
6	① ② ③ ④
7	① ② ③ ④
8	① ② ③ ④
9	① ② ③ ④

5 왕복형 엔진에서 상사점과 하사점까지의 거리는?

① 사이클　　　　　　② 과급
③ 행정　　　　　　　④ 소기

6 굴착기의 안전한 작업 방법으로 가장 적절하지 않은 것은?

① 암석을 옮길 때는 버킷으로 밀어내지 말 것
② 버킷을 들어 올린 채로 브레이크를 걸어두지 말 것
③ 작업 후에는 암과 버킷 실린더 로드를 최대로 줄이고 버킷을 지면에 내려놓을 것
④ 토사를 굴착하면서 스윙하지 말 것

7 작업 후 탱크에 연료를 가득 채워주는 이유가 아닌 것은?

① 연료의 기포 방지를 위해서
② 내일의 작업을 위해서
③ 연료 탱크에 수분이 생기는 것을 방지하기 위해서
④ 연료의 압력을 높이기 위해서

8 축전지의 용량만을 크게 하는 방법으로 옳은 것은?

① 직렬 연결법　　　　② 병렬 연결법
③ 직·병렬 연결법　　　④ 논리회로 연결법

9 굴착기의 조종 레버 중 굴삭 작업과 직접 관계가 없는 것은?

① 버킷 제어 레버　　　② 붐 제어 레버
③ 암(스틱) 제어 레버　④ 스윙 제어 레버

10 라이너식 실린더와 비교한 일체식 실린더의 특징 중 옳지 않은 것은?

① 냉각수 누출 우려가 적다.

② 라이너 형식보다 내마모성이 높다.

③ 부품 수가 적고 중량이 가볍다.

④ 강성 및 강도가 크다.

11 굴착기 버킷 용량 표시로 옳은 것은?

① in^2
② yd^2
③ m^2
④ m^3

12 건설기계관리법령상 자동차손해배상보장법에 따른 자동차보험에 반드시 가입하여야 하는 건설기계가 아닌 것은?

① 타이어식 지게차
② 타이어식 굴착기
③ 타이어식 기중기
④ 덤프트럭

13 기관을 시동하여 공전 시에 점검할 사항이 아닌 것은?

① 기관의 팬 벨트 장력
② 오일의 누출 여부
③ 냉각수의 누출 여부
④ 배기가스의 색깔

14 유압 모터를 이용한 스크루로 구멍을 뚫고 전신주 등을 박는 작업에 사용되는 굴착기 작업장치는?

① 그래플(Grapple)
② 브레이커(Breaker)
③ 오거(Auger)
④ 리퍼(Ripper)

15 엔진 오일에 대한 설명으로 옳은 것은?

① 엔진을 시동한 상태에서 점검한다.

② 겨울보다 여름에 점도가 높은 오일을 사용한다.

③ 엔진 오일에는 거품이 많이 들어있는 것이 좋다.

④ 엔진 오일 순환상태는 오일 레벨 게이지로 확인한다.

답안 표기란

10 ① ② ③ ④
11 ① ② ③ ④
12 ① ② ③ ④
13 ① ② ③ ④
14 ① ② ③ ④
15 ① ② ③ ④

16 기동 전동기가 저속으로 회전할 때의 고장 원인으로 틀린 것은?

① 전기자 또는 정류자에서의 단락

② 경음기의 단선

③ 전기자 코일의 단선

④ 배터리의 방전

17 디젤기관에서 노킹의 원인이 아닌 것은?

① 연료의 세탄가가 높다.

② 연료의 분사압력이 낮다.

③ 연소실의 온도가 낮다.

④ 착화 지연 시간이 길다.

18 출발지 관할 경찰서장이 안전기준을 초과하여 운행할 수 있도록 허가하는 사항에 해당하지 않는 것은?

① 적재중량   ② 운행속도

③ 승차인원   ④ 적재용량

19 교류 발전기에서 스테이터 코일에 발생한 교류는?

① 실리콘에 의해 교류로 정류되어 내부로 나온다.

② 실리콘에 의해 교류로 정류되어 외부로 나온다.

③ 실리콘 다이오드에 의해 교류로 정류시킨 뒤 내부로 들어간다.

④ 실리콘 다이오드에 의해 직류로 정류시킨 뒤 외부로 끌어낸다.

20 방향지시등 전구에 흐르는 전류를 일정한 주기로 단속·점멸하여 램프의 광도를 증감시키는 것은?

① 디머 스위치   ② 플래셔 유닛

③ 파일럿 유닛   ④ 방향지시기 스위치

답안 표기란

16 ① ② ③ ④
17 ① ② ③ ④
18 ① ② ③ ④
19 ① ② ③ ④
20 ① ② ③ ④

답안 표기란

21 ① ② ③ ④
22 ① ② ③ ④
23 ① ② ③ ④
24 ① ② ③ ④
25 ① ② ③ ④

21 최고 속도의 100분의 20을 줄인 속도로 운행하여야 할 경우는?

① 노면이 얼어붙은 때
② 폭우, 폭설, 안개 등으로 가시거리가 100미터 이내일 때
③ 눈이 20밀리미터 이상 쌓인 때
④ 비가 내려 노면이 젖어 있을 때

22 액추에이터의 입구 쪽 관로에 설치한 유량 제어 밸브로 흐름을 제어하여 속도를 제어하는 회로는?

① 시스템 회로(System circuit)
② 블리드 오프 회로(Bleed-off circuit)
③ 미터 인 회로(Meter-in circuit)
④ 미터 아웃 회로(Meter-out circuit)

23 가스가 새는 것을 검사할 때 가장 적합한 것은?

① 비눗물을 발라본다.　　② 순수한 물을 발라본다.
③ 기름을 발라본다.　　④ 촛불을 대어 본다.

24 노면표지 중 진로 변경 제한선에 대한 설명으로 옳은 것은?

① 황색 점선은 진로 변경을 할 수 없다.
② 백색 점선은 진로 변경을 할 수 없다.
③ 황색 실선은 진로 변경을 할 수 있다.
④ 백색 실선은 진로 변경을 할 수 없다.

25 정기검사를 받지 아니하고 정기검사 신청기간 만료일로부터 30일 이내인 때의 과태료는?

① 20만 원　　② 10만 원
③ 5만 원　　④ 2만 원

26 통고처분의 수령을 거부하거나 범칙금을 기간 안에 납부치 못한 자는 어떻게 처리되는가?

① 면허의 효력이 정지된다.　② 면허증이 취소된다.

③ 연기신청을 한다.　④ 즉결 심판에 회부된다.

27 건설기계 소유자는 건설기계를 도난당한 날로부터 얼마 이내에 등록말소를 신청해야 하는가?

① 30일 이내　② 2개월 이내

③ 3개월 이내　④ 6개월 이내

28 그림의 유압기호는 무엇을 표시하는가?

① 오일 냉각기

② 유압 탱크

③ 유압 펌프

④ 유압 모터

29 유압유에 포함된 불순물을 제거하기 위해 유압 펌프 흡입관에 설치하는 것은?

① 부스터　② 스트레이너

③ 공기청정기　④ 어큐뮬레이터

30 건설기계를 등록 전에 일시적으로 운행할 수 있는 경우가 아닌 것은?

① 등록신청을 위하여 건설기계를 등록지로 운행하는 경우

② 신규등록검사 및 확인검사를 받기 위하여 건설기계를 검사장소로 운행하는 경우

③ 건설기계를 대여하고자 하는 경우

④ 수출을 하기 위하여 건설기계를 선적지로 운행하는 경우

답안 표기란

26 ① ② ③ ④
27 ① ② ③ ④
28 ① ② ③ ④
29 ① ② ③ ④
30 ① ② ③ ④

31 유압 모터와 유압 실린더의 설명으로 옳은 것은?

① 둘 다 회전운동을 한다.

② 유압 모터는 직선운동, 유압 실린더는 회전운동을 한다.

③ 둘 다 왕복운동을 한다.

④ 유압 모터는 회전운동, 유압 실린더는 직선운동을 한다.

32 공동현상이라고도 하며 이 현상이 발생하면 소음과 진동이 발생하고 양정과 효율이 저하되는 현상은?

① 캐비테이션

② 스트로크

③ 제로 랩

④ 오버 랩

33 관련법상 건설기계의 정의를 가장 올바르게 한 것은?

① 건설공사에 사용할 수 있는 기계로서 대통령령이 정하는 것을 말한다.

② 건설현장에서 운행하는 장비로서 대통령령이 정하는 것을 말한다.

③ 건설공사에 사용할 수 있는 기계로서 국토교통부령이 정하는 것을 말한다.

④ 건설현장에서 운행하는 장비로서 국토교통부령이 정하는 것을 말한다.

34 유압장치에서 고압 소용량, 저압 대용량 펌프를 조합운전할 때 작동 압력이 규정 압력 이상으로 상승 시 동력 절감을 하기 위해 사용하는 밸브는?

① 감압 밸브

② 릴리프 밸브

③ 시퀀스 밸브

④ 무부하 밸브

35 다음 설명에서 올바르지 않은 것은?

① 건설기계의 그리스 주입은 정기적으로 하는 것이 좋다.

② 엔진 오일 교환 시 여과기도 같이 교환한다.

③ 최근의 부동액은 4계절 모두 사용하여도 무방하다.

④ 건설기계를 운전 또는 작업 시 기관 회전 수를 낮춘다.

36 맥동적 토출을 하지만 다른 펌프에 비해 일반적으로 최고압 토출이 가능하고 펌프 효율에서도 전압력 범위가 높아 최근에 많이 사용되고 있는 펌프는?

① 피스톤 펌프   ② 베인 펌프

③ 나사 펌프   ④ 기어 펌프

37 유압 실린더에서 실린더의 과도한 자연낙하 현상이 발생할 수 있는 원인이 아닌 것은?

① 작동압력이 높을 때

② 실린더 내의 피스톤 실링의 마모

③ 컨트롤 밸브 스풀의 마모

④ 릴리프 밸브의 조정 불량

38 굴착기의 일상점검 사항이 아닌 것은?

① 엔진 오일량   ② 냉각수 누출 여부

③ 오일 쿨러 세척   ④ 유압 오일량

39 유압회로에서 역류를 방지하고 회로 내의 잔류압력을 유지하는 밸브는?

① 체크 밸브   ② 셔틀 밸브

③ 매뉴얼 밸브   ④ 스로틀 밸브

40 굴착기를 이용하여 수중 작업을 하거나 하천을 건널 때의 안전사항으로 맞지 않는 것은?

① 타이어식 굴착기는 액슬 중심점 이상이 물에 잠기지 않도록 주의하면서 도하한다.

② 무한궤도식 굴착기는 주행 모터의 중심선 이상이 물에 잠기지 않도록 주의하면서 도하한다.

③ 타이어식 굴착기는 블레이드를 앞쪽으로 하고 도하한다.

④ 수중 작업 후에는 물에 잠겼던 부위에 새로운 그리스를 주입한다.

답안 표기란

36	① ② ③ ④
37	① ② ③ ④
38	① ② ③ ④
39	① ② ③ ④
40	① ② ③ ④

답안 표기란

41 ① ② ③ ④
42 ① ② ③ ④
43 ① ② ③ ④
44 ① ② ③ ④
45 ① ② ③ ④

41 전기용접 작업 시 보안경을 사용하는 이유로 가장 적절한 것은?

① 유해광선으로부터 눈을 보호하기 위하여

② 유해약물로부터 눈을 보호하기 위하여

③ 중량물의 추락 시 머리를 보호하기 위하여

④ 분진으로부터 눈을 보호하기 위하여

42 보기에서 유압 작동유가 갖추어야 할 조건으로 모두 옳은 것은?

보기	ⓐ 압축성이 작을 것	ⓑ 밀도가 작을 것
	ⓒ 열팽창 계수가 작을 것	ⓓ 체적탄성 계수가 작을 것
	ⓔ 점도지수가 낮을 것	ⓕ 발화점이 높을 것

① ⓐ, ⓑ, ⓒ, ⓓ   ② ⓑ, ⓒ, ⓔ, ⓕ

③ ⓑ, ⓒ, ⓓ, ⓕ   ④ ⓐ, ⓑ, ⓒ, ⓕ

43 타이어식 굴착기의 액슬 허브에 오일을 교환하고자 한다. 오일을 배출시킬 때와 주입할 때의 플러그 위치로 옳은 것은?

① 배출시킬 때 : 1시 방향, 주입할 때 : 9시 방향

② 배출시킬 때 : 6시 방향, 주입할 때 : 9시 방향

③ 배출시킬 때 : 3시 방향, 주입할 때 : 9시 방향

④ 배출시킬 때 : 2시 방향, 주입할 때 : 12시 방향

44 하인리히의 사고 예방 원리 5단계를 순서대로 나열한 것은?

① 시정책의 적용 → 조직 → 사실의 발견 → 평가분석 → 시정책의 선정

② 시정책의 선정 → 시정책의 적용 → 조직 → 사실의 발견 → 평가분석

③ 조직 → 사실의 발견 → 평가분석 → 시정책의 선정 → 시정책의 적용

④ 사실의 발견 → 평가분석 → 시정책의 선정 → 시정책의 적용 → 조직

45 굴착기에 연결할 수 없는 작업장치는 무엇인가?

① 어스 오거   ② 셔블

③ 드래그 라인   ④ 파일 드라이브

답안 표기란

46 ① ② ③ ④
47 ① ② ③ ④
48 ① ② ③ ④
49 ① ② ③ ④
50 ① ② ③ ④

46 유류 화재 시 소화기 이외의 소화재료로 가장 적당한 것은?

① 모래　　　　　　② 시멘트
③ 진흙　　　　　　④ 물

47 굴착기의 주행 형식별 분류에서 접지면적이 크고 접지압력이 작아 사지나 습지와 같이 위험한 지역에서 작업이 가능한 형식으로 적당한 것은?

① 트럭 탑재식　　　② 무한궤도식
③ 반 정치식　　　　④ 타이어식

48 지하에 매설된 도시가스 배관의 최고 사용압력이 저압인 경우 배관의 표면색은?

① 적색　　　　　　② 갈색
③ 황색　　　　　　④ 회색

49 크롤러형 굴착기에서 하부추진체의 동력전달 순서로 옳은 것은?

① 기관 → 트랙 → 유압 모터 → 변속기 → 토크 컨버터
② 기관 → 토크 컨버터 → 변속기 → 트랙 → 클러치
③ 기관 → 유압 펌프 → 컨트롤 밸브 → 주행 모터 → 트랙
④ 기관 → 트랙 → 스프로킷 → 변속기 → 클러치

50 그림과 같이 시가지에 있는 배전선로 A에는 일반적으로 몇 [V]의 전압이 인가되고 있는가?

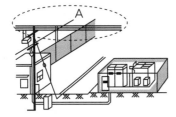

① 110V
② 220V
③ 440V
④ 22,900V

답안 표기란

51 ① ② ③ ④
52 ① ② ③ ④
53 ① ② ③ ④
54 ① ② ③ ④
55 ① ② ③ ④

51 타이어형 건설기계의 조향장치의 특성에 관한 설명 중 틀린 것은?

① 조향조작이 경쾌하고 자유로워야 한다.
② 회전반경이 되도록 커야 한다.
③ 타이어 및 조향장치의 내구성이 커야 한다.
④ 노면으로부터의 충격이나 원심력 등의 영향을 받지 않아야 한다.

52 무한궤도식 굴착기의 부품이 아닌 것은?

① 유압 펌프
② 오일 쿨러
③ 자재 이음
④ 주행 모터

53 중량물 운반에 대한 설명으로 틀린 것은?

① 무거운 물건을 운반할 경우 주위사람에게 인지하게 한다.
② 무거운 물건을 상승시킨 채 오랫동안 방치하지 않는다.
③ 규정 용량을 초과해서 운반하지 않는다.
④ 흔들리는 중량물은 사람이 붙잡아서 이동한다.

54 무한궤도식 건설기계에서 주행 충격이 클 때 트랙의 조정 방법 중 틀린 것은?

① 브레이크가 있는 경우에는 브레이크를 사용해서는 안 된다.
② 장력은 일반적으로 25~40cm이다.
③ 2~3회 반복 조정하여 양쪽 트랙의 유격을 똑같이 조정하여야 한다.
④ 전진하다가 정지시켜야 한다.

55 수동변속기가 장착된 건설기계의 동력전달장치에서 클러치판은 어떤 축의 스플라인에 끼어져 있는가?

① 추진축
② 차동기어장치
③ 크랭크축
④ 변속기 입력축

56 굴착기 버킷 투스(포인트)의 사용 및 정비 방법으로 옳은 것은?

① 샤프형은 암석, 자갈 등의 굴착 및 적재 작업에 사용한다.

② 로크형은 점토, 석탄 등을 잘라낼 때 사용한다.

③ 핀과 고무 등은 가능한 한 그대로 사용한다.

④ 마모상태에 따라 안쪽과 바깥쪽의 포인트를 바꿔 끼워가며 사용한다.

57 스패너를 사용할 때 올바른 것은?

① 스패너 입이 너트의 치수보다 큰 것을 사용해야 한다.

② 스패너를 해머로 사용한다.

③ 너트를 스패너에 깊이 물리고 조금씩 앞으로 당기는 식으로 풀고 조인다.

④ 너트에 스패너를 깊이 물리고 조금씩 밀면서 풀고 조인다.

58 내리막길에서 제동장치를 자주 사용 시 브레이크 오일이 비등하여 송유압력의 전달 작용이 불가능하게 되는 현상은?

① 페이드 현상   ② 베이퍼 록 현상

③ 사이클링 현상   ④ 브레이크 록 현상

59 굴착기로 넓은 홈의 굴착 작업 시 알맞은 굴착순서는?

① 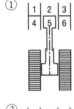   ②

③   ④

60 굴착기의 붐의 작동이 느린 이유가 아닌 것은?

① 작동유에 이물질 혼입   ② 작동유의 압력 저하

③ 작동유의 압력 과다   ④ 작동유의 압력 부족

전체 문제 수 : 60
안 푼 문제 수 : ☐

1 전부장치가 부착된 무한궤도형 굴착기를 트레일러로 수송할 때 붐이 향하는 방향으로 가장 적합한 것은?

① 앞 방향
② 뒤 방향
③ 좌측 방향
④ 우측 방향

2 엔진의 부하에 따라 연료 분사량을 가감하여 최고 회전속도를 제어하는 장치는?

① 분사 노즐
② 토크 컨버터
③ 래크와 피니언
④ 거버너

3 4행정 사이클 기관에서 주로 사용되고 있는 오일 펌프는?

① 로터리 펌프와 기어 펌프
② 로터리 펌프와 나사 펌프
③ 기어 펌프와 플런저 펌프
④ 원심 펌프와 플런저 펌프

4 굴착기의 효과적인 굴착 작업이 아닌 것은?

① 붐과 암의 각도를 80~110° 정도로 선정한다.
② 버킷 투스의 끝이 암(디퍼스틱)보다 안쪽으로 향해야 한다.
③ 버킷은 의도한대로 위치하고 붐과 암을 계속 변화시키면서 굴착한다.
④ 굴착한 후 암(디퍼스틱)을 오므리면서 붐은 상승위치로 변화시켜 하역위치로 스윙한다.

5 펌프로부터 보내진 고압의 연료를 미세한 안개 모양으로 연소실에 분사하는 부품은?

① 커먼 레일
② 분사 펌프
③ 공급 펌프
④ 분사 노즐

답안 표기란	
6	① ② ③ ④
7	① ② ③ ④
8	① ② ③ ④
9	① ② ③ ④
10	① ② ③ ④

6 절토 작업 시 안전준수사항으로 잘못된 것은?

① 상부에서 붕괴낙하 위험이 있는 장소에서 작업은 금지한다.

② 상·하부 동시작업으로 작업능률을 높인다.

③ 굴착면이 높은 경우에는 계단식으로 굴착한다.

④ 부석이나 붕괴되기 쉬운 지반은 적절한 보강을 한다.

7 연료장치에서 희박한 혼합비가 기관에 미치는 영향으로 옳은 것은?

① 저속 및 공전이 원활하다.

② 연소속도가 빠르다.

③ 출력(동력)의 감소를 가져온다.

④ 시동이 쉬워진다.

8 디젤기관의 배출물로 규제 대상은?

① 일산화탄소   ② 매연

③ 탄화수소   ④ 공기 과잉률

9 굴착기의 안전한 작업 방법에 관한 사항들이다. 가장 적절하지 않은 것은?

① 작업 후에는 암과 버킷 실린더 로드를 최대로 줄이고 버킷을 지면에 내려놓을 것

② 토사를 굴착하면서 스윙하지 말 것

③ 암석을 옮길 때는 버킷으로 밀어내지 말 것

④ 버킷을 들어 올린 채로 브레이크를 걸어두지 말 것

10 건설기계에 사용되는 12볼트(V) 80암페어(A) 축전지 2개를 직렬연결하면 전압과 전류는?

① 24볼트(V) 160암페어(A)가 된다.

② 12볼트(V) 160암페어(A)가 된다.

③ 24볼트(V) 80암페어(A)가 된다.

④ 12볼트(V) 80암페어(A)가 된다.

답안 표기란

11 ① ② ③ ④
12 ① ② ③ ④
13 ① ② ③ ④
14 ① ② ③ ④
15 ① ② ③ ④

11 디젤기관의 연소실 중 연료 소비율이 낮으며 연소압력이 가장 높은 연소실 형식은?

① 예연소실식　　　　　② 공기실식

③ 직접분사실식　　　　④ 와류실식

12 예열장치의 설치 목적으로 옳은 것은?

① 연료를 압축하여 분무성을 향상시키기 위함이다.

② 냉간시동 시 시동을 원활히 하기 위함이다.

③ 연료 분사량을 조절하기 위함이다.

④ 냉각수의 온도를 조절하기 위함이다.

13 축전지의 자기방전 원인에 대한 설명으로 틀린 것은?

① 전해액 중에 불순물이 혼입되어 있다.

② 축전지 케이스의 표면에서는 전기누설이 없다.

③ 이탈된 작용물질이 극판의 아래 부분에 퇴적되어 있다.

④ 축전지의 구조상 부득이하다.

14 안전·보건표지에서 안내표지의 바탕색은?

① 백색　　　　　　　　② 적색

③ 흑색　　　　　　　　④ 녹색

15 굴착공사 시 도시가스 배관의 안전조치와 관련된 사항 중 다음 (　　)에 적합한 것은?

> 도시가스 사업자는 굴착 예정 지역의 매설 배관 위치를 굴착공사자에게 알려주어야 하며, 굴착공사자는 매설 배관 위치를 매설 배관 (ⓐ)의 지면에 (ⓑ) 페인트로 표시할 것

① ⓐ 우측부　ⓑ 황색　　② ⓐ 직하부　ⓑ 황색

③ ⓐ 좌측부　ⓑ 적색　　④ ⓐ 직상부　ⓑ 황색

16 유압기기 속에 혼입되어 있는 불순물을 제거하기 위해 사용되는 것은?

① 패킹
② 릴리프 밸브
③ 배수기
④ 스트레이너

17 유압 모터의 일반적인 특징으로 가장 적합한 것은?

① 넓은 범위의 무단변속이 용이하다.
② 직선운동 시 속도 조절이 용이하다.
③ 각도에 제한 없이 왕복 각운동을 한다.
④ 운동량을 자동으로 직선 조작할 수 있다.

18 건설기계의 범위에 속하지 않는 것은?

① 공기 토출량이 매분당 2.83세제곱미터 이상의 이동식인 공기압축기
② 노상안정장치를 가진 자주식인 노상안정기
③ 정지장치를 가진 자주식인 모터그레이더
④ 전동식 솔리드 타이어를 부착한 것 중 도로가 아닌 장소에서만 운행하는 지게차

19 도로교통법에 의한 통고 처분의 수령을 거부하거나 범칙금을 기간 안에 납부하지 못한 자는 어떻게 처리되는가?

① 면허증이 취소된다.
② 즉결 심판에 회부된다.
③ 연기신청을 한다.
④ 면허의 효력이 정지된다.

20 작업 시 일반적인 안전에 대한 설명으로 틀린 것은?

① 회전되는 물체에 손을 대지 않는다.
② 건설기계는 취급자가 아니어도 사용한다.
③ 건설기계는 사용 전에 점검한다.
④ 건설기계의 사용법은 사전에 숙지한다.

답안 표기란

16 ① ② ③ ④
17 ① ② ③ ④
18 ① ② ③ ④
19 ① ② ③ ④
20 ① ② ③ ④

21 사용 중인 작동유의 수분 함유 여부를 현장에서 판정하는 것으로 가장 적합한 방법은?

① 오일을 가열한 철판 위에 떨어뜨려 본다.

② 오일의 냄새를 맡아본다.

③ 오일을 시험관에 담아서 침전물을 확인한다.

④ 여과지에 약간(3~4 방울)의 오일을 떨어뜨려 본다.

22 유압계통에서 오일 누설 시의 점검사항이 아닌 것은?

① 오일의 윤활성 ② 실(Seal)의 파손

③ 실(Seal)의 마모 ④ 볼트의 이완

23 고속도로 통행이 허용되지 않는 건설기계는?

① 콘크리트 믹서 트럭 ② 덤프 트럭

③ 지게차 ④ 기중기(트럭적재식)

24 건설기계의 출장검사가 허용되는 경우가 아닌 것은?

① 너비가 2.5m 미만인 건설기계

② 최고 속도가 35km/h 미만인 건설기계

③ 도서지역에 있는 건설기계

④ 자체 중량이 40톤을 초과하거나 축중이 10톤을 초과하는 건설기계

25 정기검사 신청을 받은 검사대행자는 며칠 이내에 검사일시 및 장소를 신청인에게 통지하여야 하는가?

① 3일 ② 20일

③ 15일 ④ 5일

답안 표기란

26 ① ② ③ ④
27 ① ② ③ ④
28 ① ② ③ ④
29 ① ② ③ ④
30 ① ② ③ ④

26 클러치의 구비조건으로 틀린 것은?

① 단속 작용이 확실하며 조작이 쉬어야 한다.

② 회전부분의 평형이 좋아야 한다.

③ 방열이 잘 되고 과열되지 않아야 한다.

④ 회전부분의 관성력이 커야 한다.

27 건설기계 운전 및 작업 시 안전사항으로 옳은 것은?

① 작업의 속도를 높이기 위해 레버 조작을 빨리 한다.

② 건설기계 승·하차 시에는 건설기계에 장착된 손잡이 및 발판을 사용한다.

③ 건설기계의 무게는 무시해도 된다.

④ 작업도구나 적재물이 장애물에 걸려도 동력에 무리가 없으므로 그냥 작업한다.

28 유압회로에서 어떤 부분회로의 압력을 주회로의 압력보다 저압으로 해서 사용하고자 할 때 사용하는 밸브는?

① 릴리프 밸브   ② 리듀싱 밸브

③ 카운터 밸런스 밸브   ④ 체크 밸브

29 베인 펌프의 일반적인 특징이 아닌 것은?

① 대용량, 고속 가변형에 적합하지만 수명이 짧다.

② 맥동과 소음이 적다.

③ 간단하고 성능이 좋다.

④ 소형, 경량이다.

30 기계의 회전부분(기어, 벨트, 체인)에 덮개를 설치하는 이유는?

① 좋은 품질의 제품을 얻기 위하여

② 회전부분과 신체의 접촉을 방지하기 위하여

③ 회전부분의 속도를 높이기 위하여

④ 제품의 제작과정을 숨기기 위하여

답안 표기란	
31	① ② ③ ④
32	① ② ③ ④
33	① ② ③ ④
34	① ② ③ ④
35	① ② ③ ④
36	① ② ③ ④

31 굴착기의 작업장치 중 콘크리트 등을 깰 때 사용되는 것으로 가장 적합한 것은?

① 파일 드라이버
② 드롭 해머
③ 마그넷
④ 브레이커

32 작동유가 넓은 온도 범위에서 사용되기 위한 조건으로 가장 알맞은 것은?

① 산화작용이 양호해야 한다.
② 소포성이 좋아야 한다.
③ 점도지수가 높아야 한다.
④ 유성이 커야 한다.

33 도시가스가 공급되는 지역에서 도로공사 중 다음 그림과 같은 것이 일렬로 설치되어 있는 것을 발견했다. 이것을 무엇이라 하는가?

① 가스 누출 검지공
② 라인 마크
③ 가스 배관 매몰 표지판
④ 보호판

34 유압식 굴착기의 주행동력으로 이용되는 것은?

① 차동장치
② 전기 모터
③ 유압 모터
④ 변속기 동력

35 가스 용접기에서 아세틸렌 용접장치의 방호장치는?

① 자동전격 방지기
② 안전기
③ 제동장치
④ 덮개

36 공구 사용 시 주의해야 할 사항으로 틀린 것은?

① 강한 충격을 가하지 않을 것
② 손이나 공구에 기름을 바른 다음에 작업할 것
③ 주위환경에 주의해서 작업할 것
④ 해머 작업 시 보호안경을 쓸 것

답안 표기란
37 ① ② ③ ④
38 ① ② ③ ④
39 ① ② ③ ④
40 ① ② ③ ④
41 ① ② ③ ④

37 무한궤도형 굴착기에서 캐리어 롤러에 대한 내용으로 옳은 것은?

① 캐리어 롤러는 좌우 10개로 구성되어 있다.

② 트랙의 장력을 조정한다.

③ 굴착기의 전체 중량을 지지한다.

④ 트랙을 지지한다.

38 건설기계 관리법에서 건설기계 조종사 면허의 취소 처분기준이 아닌 것은?

① 건설기계 조종 중 고의로 1명에게 경상을 입힌 때

② 거짓 그 밖의 부정한 방법으로 건설기계 조종사 면허를 받은 때

③ 건설기계 조종 중 고의 또는 과실로 가스 공급시설의 기능에 장애를 입혀 가스공급을 방해한 자

④ 건설기계 조종사 면허의 효력정지 기간 중 건설기계를 조종한 때

39 굴착기의 상부회전체 작동유를 하부주행체로 전달하는 역할을 하고 상부회전체가 선회 중에 배관이 꼬이지 않게 하는 것은?

① 주행 모터 　　② 선회 감속장치

③ 센터 조인트 　　④ 선회 모터

40 타이어형 굴착기에서 추진축의 각도 변화를 가능하게 하는 이음은?

① 등속 이음 　　② 자재 이음

③ 플랜지 이음 　　④ 슬립 이음

41 건설기계의 일상점검 정비 작업 내용에 속하지 않는 것은?

① 라디에이터 냉각수량 　　② 분사 노즐 압력

③ 엔진 오일량 　　④ 브레이크액 수준

답안 표기란

42 ① ② ③ ④

43 ① ② ③ ④

44 ① ② ③ ④

45 ① ② ③ ④

46 ① ② ③ ④

42 정기검사에 불합격한 건설기계의 정비명령 기간으로 옳은 것은?

① 45일 이내

② 61일 이내

③ 91일 이내

④ 31일 이내

43 다음 그림과 같은 교통안전표지의 뜻은?

① 좌합류 도로가 있음을 알리는 것

② 좌로 굽은 도로가 있음을 알리는 것

③ 우합류 도로가 있음을 알리는 것

④ 철길건널목이 있음을 알리는 것

44 무한궤도식 굴착기에서 하부주행체 동력전달 순서로 맞는 것은?

① 유압 펌프 → 제어 밸브 → 센터 조인트 → 주행 모터

② 유압 펌프 → 제어 밸브 → 주행 모터 → 자재 이음

③ 유압 펌프 → 센터 조인트 → 제어 밸브 → 주행 모터

④ 유압 펌프 → 센터 조인트 → 주행 모터 → 자재 이음

45 건설기계관리법상의 건설기계사업에 해당하지 않는 것은?

① 건설기계 매매업

② 건설기계 해체재활용업

③ 건설기계 정비업

④ 건설기계 제작업

46 무한궤도형 굴착기의 주행장치에 브레이크가 없는 이유는?

① 저속으로 주행하기 때문이다.

② 트랙과 지면의 마찰이 크기 때문이다.

③ 주행 제어 레버를 반대로 작용시키면 정지하기 때문이다.

④ 주행 제어 레버를 중립으로 하면 주행 모터의 유압유 공급 쪽과 복귀 쪽 회로가 차단되기 때문이다.

답안 표기란				
47	①	②	③	④
48	①	②	③	④
49	①	②	③	④
50	①	②	③	④
51	①	②	③	④

47 도로교통법에서 정하는 주차 금지 장소가 아닌 곳은?

① 소방용 방화 물통으로부터 5m 이내인 곳

② 전신주로부터 20m 이내인 곳

③ 화재경보기로부터 3m 이내인 곳

④ 터널 안 및 다리 위

48 자연적 재해가 아닌 것은?

① 방화 ② 홍수

③ 태풍 ④ 지진

49 굴착기 작업 시 작업 안전사항으로 틀린 것은?

① 기중 작업은 가능한 피하는 것이 좋다.

② 경사지 작업 시 측면절삭을 행하는 것이 좋다.

③ 타이어형 굴착기로 작업 시 안전을 위하여 아웃트리거를 받치고 작업한다.

④ 한 쪽 트랙을 들 때에는 암과 붐 사이의 각도를 90~110° 범위로 해서 들어주는 것이 좋다.

50 벨트를 풀리(Pulley)에 장착 시 작업 방법에 대한 설명으로 옳은 것은?

① 중속으로 회전시키면서 건다.

② 회전을 중지시킨 후 건다.

③ 저속으로 회전시키면서 건다.

④ 고속으로 회전시키면서 건다.

51 무한궤도식 굴착기에서 주행 불량 현상의 원인이 아닌 것은?

① 트랙에 오일이 묻었을 때

② 스프로킷이 손상되었을 때

③ 한 쪽 주행 모터의 브레이크 작동이 불량할 때

④ 유압 펌프의 토출유량이 부족할 때

52 유압 실린더의 종류에 해당하지 않는 것은?

① 복동 실린더 더블로드형　　② 복동 실린더 싱글로드형

③ 단동 실린더 램형　　　　　④ 단동 실린더 배플형

53 타이어식 굴착기로 길고 급한 경사 길을 운전할 때 반 브레이크를 오래 사용하면 어떤 현상이 생기는가?

① 라이닝은 페이드, 파이프는 스팀 록

② 파이프는 증기 폐쇄, 라이닝은 스팀 록

③ 라이닝은 페이드, 파이프는 베이퍼 록

④ 파이프는 스팀 록, 라이닝은 베이퍼 록

54 그림에서 체크 밸브를 나타낸 것은?

①

②

③

④

55 굴착기로 작업할 때 주의사항으로 틀린 것은?

① 땅을 깊이 팔 때는 붐의 호스나 버킷 실린더의 호스가 지면에 닿지 않도록 한다.

② 암석, 토사 등을 평탄하게 고를 때는 선회관성을 이용하면 능률적이다.

③ 암 레버의 조작 시 잠깐 멈췄다가 움직이는 것은 유압 펌프의 토출유량이 부족하기 때문이다.

④ 작업 시는 실린더의 행정 끝에서 약간 여유를 남기도록 운전한다.

56 유압 회로에서 속도 제어 회로에 속하지 않는 것은?

① 시퀀스 회로　　　　　② 미터 인 회로

③ 블리드 오프 회로　　　④ 미터 아웃 회로

57 현재 한전에서 운용하고 있는 송전선로 종류가 아닌 것은?

① 345kV 선로　　　　　　② 765kV 선로

③ 154kV 선로　　　　　　④ 22.9kV 선로

58 무한궤도식 굴착기의 상부회전체가 하부주행체에 대한 역위치에 있을 때 좌측 주행 레버를 당기면 차체가 어떻게 회전되는가?

① 좌향 스핀 회전　　　　② 우향 스핀 회전

③ 좌향 피벗 회전　　　　④ 우향 피벗 회전

59 굴착기 운전 시 작업 안전사항으로 적합하지 않은 것은?

① 스윙하면서 버킷으로 암석을 부딪쳐 파쇄하는 작업을 하지 않는다.

② 안전한 작업 반경을 초과해서 하중을 이동시킨다.

③ 굴삭하면서 주행하지 않는다.

④ 작업을 중지할 때는 파낸 모서리로부터 굴착기를 이동시킨다.

60 방향지시등 스위치 작동 시 한 쪽은 정상이고, 다른 한 쪽은 점멸작용이 정상과 다르게(빠르게, 느리게, 작동불량) 작용할 때, 고장 원인으로 가장 거리가 먼 것은?

① 플래셔 유닛이 고장났을 때

② 한 쪽 전구소켓에 녹이 발생하여 전압강하가 있을 때

③ 전구 1개가 단선되었을 때

④ 한 쪽 램프 교체 시 규정 용량의 전구를 사용하지 않았을 때

산업안전표지

금지표지	출입 금지	보행 금지	차량 통행 금지	사용 금지	탑승 금지
	금연	화기 금지	물체 이동 금지		

경고표지	인화성물질 경고	산화성물질 경고	폭발성물질 경고	급성독성물질 경고	부식성물질 경고
	방사성물질 경고	고압 전기 경고	매달린 물체 경고	낙하물 경고	고온 경고
	저온 경고	몸균형 상실 경고	레이저 광선 경고	발암성·변이원성·생식독성·전신독성·호흡기과민성물질경고	위험 장소 경고

지시표지	보안경 착용	방독마스크 착용	방진마스크 착용	보안면 착용	안전모 착용
	귀마개 착용	안전화 착용	안전장갑 착용	안전복 착용	

안내표지	녹십자	응급구호	들것	세안장치	비상용기구
	비상구	좌측 비상구	우측 비상구		

교통안전표지일람표

주의표지

101	+자형 교차로
102	T자형 교차로
103	Y자형 교차로
104	ㅏ자형 교차로
105	ㅓ자형 교차로
106	우선도로
107	우합류도로
108	좌합류도로
109	회전형 교차로
110	철길건널목
111	우로굽은도로
112	좌로굽은도로
113	우좌로이중굽은도로
114	좌우로이중굽은도로
115	2방향통행
116	오르막 경사
117	내리막 경사
118	도로폭이 좁아짐
119	우측차로 없어짐
120	좌측차로 없어짐
121	우측방통행
122	양측방통행
123	중앙분리대 시작
124	중앙분리대 끝남
125	신호기
126	미끄러운 도로
127	강변도로
128	노면 고르지 못함
129	과속방지턱
130	낙석도로
131	(삭제) 2007.9.28 개정 2008.3.28 부터시행
132	횡단보도
133	어린이 보호
134	자전거
135	도로공사중
136	비행기
137	횡풍
138	터널
138의2	교량
139	야생동물보호
140	위험 DANGER
141	상습정체구간

규제표지

201	통행금지
202	자동차통행금지
203	화물자동차통행금지
204	승합자동차통행금지
205	이륜자동차및원동기장치자전거통행금지
206	자동차·이륜자동차및원동기장치자전거통행금지
207	경운기·트랙터및손수레통행금지 2007.9.28 개정 2008.3.28 부터시행
208	(삭제) 2007.9.28 개정 2008.3.28 부터시행
209	자전거
210	자전거통행금지
211	진입금지
212	직진금지
213	우회전금지
214	좌회전금지
215	(삭제) 2007.9.28 개정 2008.3.28 부터시행
217	앞지르기 금지
218	정차주차금지
219	주차금지
220	차중량제한 5.5t
221	차높이제한 3.5m
222	차폭제한 2.2m
223	차간거리확보 50m
224	최고속도제한 50
225	최저속도제한 30
226	서행 SLOW
227	일시정지 STOP
228	양보 YIELD
229	(삭제) 2007.9.28 개정 2008.3.28 부터시행
230	보행자보행금지
231	위험물적재차량 통행금지

지시표지

301	자동차전용도로
302	자전거전용도로
303	자전거 및 보행자 겸용도로
304	회전교차로
305	직진
306	우회전
307	좌회전
308	직진 및 우회전
309	직진 및 좌회전
309의2	좌회전 및 유턴
310	좌우회전
311	유턴
312	양측방통행
313	우측면통행
314	좌측면통행
315	진행방향별통행구분
316	우회로
317	자전거 및 보행자 통행구분
318	자전거전용도로
319	주차장
320	자전거주차장
321	보행자전용도로
322	횡단보도
323	노인보호
324	어린이보호
324의2	어린이보호구역(노인보호구역개정)
325	자전거횡단도
326	일방통행
327	일방통행
328	일방통행
329	비보호좌회전
330	버스전용차로
331	다인승차량전용차로

보조표지

401	거리 100m부터
402	거리 여기서부터 500m
403	구역 시내전역
404	일자 일요일·공휴일제외
405	시간 08:00~20:00
406	시간 1시간이내 차둘수있음
407	신호등화상태 적신호시
408	전방우선도로
409	안전속도 30
410	노면상태
411	기상상태
412	교통규제
413	통행규제
414	차량한정
415	통행주의
415의2	충돌주의
416	표지설명 터널길이 258m
417	구간시작 200m
418	구간내 400m
419	구간끝 600m
420	우방향
421	좌방향
422	전방 50M
423	중량 3.5t
424	노폭 3.5m
425	거리 100m
426	(삭제) 2007.9.28 개정 2008.3.28 부터시행
427	해제
428	견인지역

표지판

구분	내용
보 조	100미이상
지 시	100미이상
규 제	100~210
주 의	100~210

빈출문제 10회

따로 보는
정답과 해설

★ 문제와 정답의 분리로 수험자의 실력을 정확하게 체크할 수 있습니다.
★ 틀린 문제는 꼭 표시했다가 해설로 복습하세요.
★ 정답과 해설을 가지고 다니며 오답노트로 활용할 수 있습니다.

다락원

정답

1	②	2	②	3	③	4	④	5	③	6	②	7	④	8	①	9	④	10	①
11	④	12	①	13	③	14	③	15	④	16	④	17	③	18	②	19	③	20	①
21	④	22	①	23	③	24	①	25	②	26	②	27	②	28	②	29	③	30	②
31	①	32	①	33	③	34	③	35	③	36	④	37	③	38	④	39	②	40	②
41	③	42	②	43	③	44	②	45	④	46	②	47	①	48	④	49	②	50	④
51	②	52	③	53	①	54	④	55	②	56	③	57	③	58	③	59	③	60	①

해설

1 분사 노즐은 디젤기관에서만 사용하며, 분사 펌프에서 보낸 고압의 연료를 연소실 내에 안개 모양으로 분사하는 장치이다.

2 굴착기로 작업할 때 작업 반경을 초과해서 하중을 이동시켜서는 안 된다.

3 안전지대라 함은 도로를 횡단하는 보행자나 통행하는 차마의 안전을 위하여 안전표지 등으로 표시된 도로의 부분이다.

4 유압유에 점도가 서로 다른 2종류의 오일을 혼합하여 사용하면 열화현상을 촉진시킨다.

5 오버 러닝 클러치(Over running clutch)는 엔진이 시동된 후에는 피니언이 공회전하여 링기어에 의해 엔진의 회전력이 기동전동기에 전달되지 않도록 하는 장치이다.

7 건설기계 등록신청은 시·도지사에게 건설기계를 취득한 날로부터 2개월(60일) 이내 하여야 한다.

8 ①항은 솔레노이드 조작방식, ②항은 간접 조작방식, ③항은 레버 조작방식, ④항은 기계 조작방식이다.

9 디젤기관의 노크 방지 방법
- 연료의 착화점이 낮은 것(착화성이 좋은 것)을 사용할 것
- 흡기압력과 온도, 실린더(연소실) 벽의 온도를 높일 것
- 세탄가가 높은 연료를 사용할 것
- 압축비 및 압축압력과 온도를 높일 것
- 착화 지연 기간을 짧게 할 것

11 정기검사 유효기간은 타이어식 굴착기는 1년, 무한궤도식 굴착기는 3년이다.

12 동력전달 순서는 유압 펌프 → 제어 밸브 → 센터 조인트 → 주행 모터이다.

13 점도지수란 온도에 따르는 오일의 점도변화 정도를 표시하는 것이다.

14 무한궤도식 굴착기의 상부회전체가 하부주행체에 대한 역위치에 있을 때 좌측 주행 레버를 당기면 차체는 좌향 피벗 회전을 한다.

15 기관 과열 원인
- 냉각수 양이 부족할 때
- 팬 벨트의 장력이 헐겁거나 파손되었을 때
- 냉각 팬 및 라디에이터 호스가 파손되었을 때
- 물 펌프의 작동이 불량할 때
- 라디에이터 코어가 20% 이상 막혔을 때

- 라디에이터 코어가 파손되었거나 오손되었을 때
- 수온조절기(정온기)가 열리는 온도가 너무 높을 때
- 수온조절기가 닫힌 상태로 고장났을 때
- 물 재킷 내에 스케일(물때)이 많이 쌓여 있을 때

16 트랙의 장력이 너무 팽팽하거나 느슨하면 하부 롤러, 링크, 스프로킷 등이 조기 마모된다.

17 **축전지의 구비조건**
- 소형·경량이고, 수명이 길 것
- 심한 진동에 견딜 수 있어야 하며, 다루기 쉬울 것
- 용량이 크고, 가격이 저렴할 것
- 전기적 절연이 완전할 것
- 전해액의 누출 방지가 완전할 것

18 피스톤과 실린더 마멸이 크면 엔진 오일의 소비가 과대해진다.

19 히트 싱크(Heat sink)는 다이오드의 과열을 방지하기 위해 둔다.

20 지방경찰청장은 도로에서 위험을 방지하고 교통의 안전과 원활한 소통을 확보하기 위하여 필요하다고 인정하는 때에 구역 또는 구간을 지정하여 자동차의 속도를 제한할 수 있다.

21 캐비테이션 현상은 공동 현상이라고도 부르며, 저압부분의 유압이 진공에 가까워짐으로서 기포가 발생하며 이로 인해 국부적인 고압이나 소음과 진동이 발생하고, 양정과 효율이 저하되는 현상이다.

22 전조등 스위치가 불량하면 양쪽 모두 점등이 되지 않는다.

23 천장크레인은 산업기계에 속한다.

24 교통정리가 행하여지지 않는 교차로에서 통행의 우선권은 먼저 진입한 차량에 있다.

25 속도 제어 회로에는 미터-인 방식, 미터-아웃 방식, 블리드 오프 방식 등이 있다.

26 술에 취한 상태의 기준은 혈중 알코올 농도가 최소 0.03% 이상인 경우이다.

27 제작자로부터 건설기계를 구입한 자가 별도로 계약하지 않을 경우에 무상으로 사후관리를 받을 수 있는 법정기간은 12개월이다.

28 베인 펌프는 캠 링(Cam ring), 로터(Rotor), 베인(Vane)으로 구성되어 있다.

29 정기검사 신청을 받은 검사대행자는 5일 이내 검사일시 및 장소를 통지하여야 한다.

30 유압 모터는 회전운동을 하고, 유압 실린더는 직선운동을 한다.

31 지중 전선로의 차도 부분의 매설깊이는 1.2m 이상이다.

32 **어큐뮬레이터(축압기)의 사용목적 :** 압력 보상, 체적변화 보상, 에너지 축적, 유압회로 보호, 맥동 감쇄, 충격압력 흡수, 일정압력 유지

33 **버킷 투스의 종류**
- 샤프형 : 점토, 석탄 등을 굴착 및 적재작업에 사용한다.
- 로크형 : 암석, 자갈 등을 굴착 및 적재작업에 사용한다.

34 릴리프 밸브의 설정압력이 너무 높으면 유압호스가 자주 파열된다.

35 안전의 3요소는 교육적 요소, 기술적 요소, 관리적 요소이다.

36 주행 중 소음, 냄새 등의 이상을 느낀 경우에는 작업 전에 점검한다.

37 유압 실린더 지지방식에는 풋형, 플랜지형, 트러니언형, 클레비스형이 있다.

38 협착이란 중량물을 들어 올리거나 내릴 때 손 또는 발이 취급 중량물과 물체에 끼어 발생하는 재해이다.

39 유량 제어 밸브는 액추에이터의 작동속도를 바꾸어준다.

40 센터 조인트는 상부회전체의 중심부분에 설치되어 있으며, 상부회전체의 작동유를 하부주행체(주행 모터)로 공급해주는 부품이다.

41 인적 불안전 행위는 작업태도 불안전, 위험한 장소의 출입, 작업복의 부적당 등이다.

44 **B급 화재** : 가연성 액체, 유류 등 연소 후 재가 거의 없는 화재이다.

46 해머 작업을 할 때 작업자가 서로 마주보고 두드려서는 안 된다.

47 엔진 가동을 정지한 후에는 반드시 가속레버를 저속으로 내려놓는다.

48 복스 렌치를 많이 사용하는 이유는 볼트·너트 주위를 완전히 감싸게 되어 사용 중에 미끄러지지 않기 때문이다.

49 히트 세퍼레이션(Heat separation)이란 고속으로 주행할 때 열에 의해 타이어의 고무나 코드가 용해 및 분리되어 터지는 현상이다.

50 바닥면으로부터 2m 이내에 있는 벨트는 덮개를 설치한다.

51 무한궤도식은 접지면적이 크고 접지압력이 작아 사지나 습지와 같이 위험한 지역에서 작업이 가능하다.

52 도로 폭이 4m 이상, 8m 미만인 도로에서는 1.0m 정도의 깊이에 배관이 설치되어 있다.

54 인터록 장치는 변속 중 기어가 이중으로 물리는 것을 방지한다.

55 전부장치(작업장치)가 부착된 굴착기를 트레일러로 수송할 때 붐은 뒤 방향으로 향해야 한다.

57 공기유량센서(Air Flow Sensor)는 열막(Hot film) 방식을 사용하며, 주 기능은 EGR(배기가스 재순환) 피드백 제어이고, 또 다른 기능은 스모그 제한 부스트 압력제어이다.

58 주행방향이 틀려지는 이유는 트랙의 균형(정렬) 불량, 센터 조인트 작동 불량, 유압계통의 불량, 지면의 불규칙 등이다.

59 진공 제동 배력장치(하이드로 백)는 흡기다기관 진공과 대기압과의 차이를 이용한 것이므로 배력장치에 고장이 발생하여도 일반적인 유압 브레이크로 작동할 수 있도록 하고 있다.

60 주행 모터는 무한궤도식 굴착기 좌·우 트랙에 각각 한 개씩 설치되어 있으며 센터 조인트로부터 유압을 받아 주행 및 조향기능을 한다.

정답

1	③	2	②	3	②	4	④	5	②	6	②	7	④	8	①	9	③	10	④
11	④	12	①	13	③	14	①	15	④	16	④	17	③	18	③	19	④	20	④
21	②	22	②	23	②	24	②	25	②	26	①	27	①	28	①	29	③	30	①
31	①	32	④	33	③	34	③	35	②	36	④	37	④	38	②	39	④	40	④
41	②	42	④	43	②	44	③	45	④	46	①	47	④	48	③	49	②	50	③
51	②	52	③	53	④	54	④	55	③	56	④	57	③	58	①	59	④	60	④

해설

1 굴착기는 작업장치, 상부회전체, 하부추진체로 구성된다.

2 커먼 레일은 고압 연료 펌프로부터 이송된 고압의 연료가 저장되는 곳으로 모든 실린더에 공통으로 연료를 공급하는 데 사용된다.

3 **트랙이 벗겨지는 원인**
- 트랙이 너무 이완되었을 때
- 트랙의 정렬이 불량할 때
- 고속주행 중 급선회를 하였을 때
- 프런트 아이들러, 상하부 롤러 및 스프로킷의 마멸이 클 때
- 리코일 스프링의 장력이 부족할 때
- 경사지에서 작업할 때

4 로터(Rotor)는 여자전류를 공급받아 전자석이 되는 부품이며, 회전운동을 한다.

5 건설기계 조종사 면허가 취소되거나 효력정지 처분을 받은 후에도 건설기계를 계속하여 조종한 자에 대한 벌칙은 1년 이하의 징역 또는 1,000만 원 이하의 벌금이다.

6 타이어식 굴착기가 주행할 때 주행 모터의 회전력이 입력축을 통해 전달되면 변속기 내의 유성기어 → 유성기어 캐리어 → 출력축을 통해 차축으로 전달된다.

7 습식시험이란 건식시험을 한 후 밸브 불량, 실린더 벽 및 피스톤 링, 헤드 개스킷 불량 등의 상태를 판단하기 위하여 분사 노즐 설치구멍이나 예열 플러그 설치구멍으로 기관 오일을 10cc 정도 넣고 1분 후에 다시 하는 시험이다.

9 안전거리란 주행 중 앞차가 급정지하였을 때 앞차와 충돌을 피할 수 있는 거리이다.

10 힌지드 버킷은 지게차에 사용하는 작업장치이다.

11 카운터 밸런스 밸브(Counter balance valve)는 체크 밸브가 내장된 밸브이며, 유압회로의 한 방향의 흐름에 대해서는 설정된 배압을 생기게 하고, 다른 방향의 흐름은 자유롭게 흐르도록 한다.

12 어스 오거(Earth auger)는 전신주나 기둥 또는 파이프 등을 세우기 위하여 구덩이를 뚫을 때 사용하는 작업장치이다.

13 4행정 사이클 기관에서 크랭크축 기어와 캠축 기어와의 지름비율은 1:2 이고, 회전비율은 2:1 이다.

14 V형 버킷은 배수로, 농수로 등 도랑파기 작업을 할 때 사용한다.

15 과급기는 기관의 흡입효율(체적효율)을 높이기 위하여 흡입공기에 압력을 가해주는 일종의 공기펌프이며, 디젤기관에서 주로 사용된다.

16 굴착기의 작업 사이클은 굴착 → 붐 상승 → 스윙 → 적재 → 스윙 → 굴착 순서이다.

17 흡·배기 밸브의 구비조건
- 열전도율이 좋을 것
- 열에 대한 팽창률이 작을 것
- 열에 대한 저항력이 클 것
- 고압가스와 고온에 잘 견딜 것
- 무게가 가벼울 것

18 무한궤도형 굴착기에는 일반적으로 주행 모터 2개와 스윙 모터 1개가 설치된다.

19 냉각장치 내의 비등점(비점)을 높이고, 냉각범위를 넓히기 위하여 압력식 캡을 사용한다.

20 축전지 전해액이 거의 없는 상태로 장시간 사용하면 내부 방전하여 못쓰게 된다.

21 붐은 풋(푸트) 핀에 의해 상부회전체에 설치된다.

22 퓨저블 링크(Fusible link)는 전기회로가 단락되었을 때 녹아 끊어져 전원 및 회로를 보호한다.

24 전조등 회로는 병렬로 연결되어 있다.

26 오일 실(Oil seal)의 구비조건
- 내압성과 내열성이 클 것
- 피로강도가 크고, 비중이 적을 것
- 탄성이 양호하고, 압축변형이 적을 것
- 정밀가공면을 손상시키지 않을 것
- 설치하기가 쉬울 것

27 전력 케이블의 매설 깊이는 차도 및 중량물의 영향을 받을 우려가 없는 경우 0.6m 이상이다.

31 제1종 대형 운전면허로 조종할 수 있는 건설기계 : 덤프 트럭, 아스팔트 살포기, 노상안정기, 콘크리트 믹서 트럭, 콘크리트 펌프, 트럭적재식 천공기

32 건설기계 형식이란 구조·규격 및 성능 등에 관하여 일정하게 정한 것을 말한다.

33 무한궤도식 굴착기의 정기검사 유효기간은 3년이다. (연식이 20년 이하인 경우)
※ 연식이 20년 초과인 경우 1년

34 포말소화기는 목재, 섬유 등 일반화재 및 가솔린과 같은 유류나 화학약품의 화재에 적당하나, 전기화재에는 부적당하다.

35 유성향상제는 금속 사이의 마찰을 방지하기 위한 방안으로 마찰계수를 저하시키기 위하여 사용한다.

37 열처리된 부품은 해머 작업을 하면 파손된다.

38 일반적으로 많이 사용하는 유압 회로도는 기호 회로도이다.

39 속도 제어 회로에는 미터 인(Meter in) 회로, 미터 아웃(Meter out) 회로, 블리드 오프(Bleed off) 회로, 카운터 밸런스(Counter balance) 회로 등이 있다.

41 가열한 철판 위에 오일을 떨어뜨리는 방법은 오일의 수분 함유 여부를 판정하기 위한 것이다.

43 서지 현상은 유압 회로 내의 밸브를 갑자기 닫았을 때, 오일의 속도에너지가 압력에너지로 변하면서 일시적으로 큰 압력 증가가 생기는 현상이다.

44 화재가 발생하기 위해서는 가연성 물질, 산소, 점화원(발화원)이 필요하다.

45 무한궤도식 굴착기의 하부추진체 동력전달 순서 : 기관 → 유압 펌프 → 제어 밸브 → 센터 조인트 → 주행 모터 → 트랙

47 변속기에서 소음이 발생하는 원인은 변속기 베어링의 마모, 변속기 기어의 마모, 변속기 오일의 부족 및 점도가 낮아진 때이다.

48 붐 제어 레버를 계속하여 상승위치로 당기고 있으면 릴리프 밸브 및 시트에 가장 큰 손상이 발생한다.

50 자재 이음은 타이어식 건설기계에서 구동각도의 변화를 주는 부품이다.

51 클러치 용량이란 클러치가 전달할 수 있는 회전력의 크기이며, 기관 최대출력의 1.5~2.5배로 설계한다.

52 터닝 조인트는 센터 조인트라고도 부르며 무한궤도형 굴착기에서 상부회전체의 유압유를 주행 모터로 공급하는 장치이다.

53 금지표지는 바탕은 흰색, 기본모형은 빨간색, 관련부호 및 그림은 검정색이다.

54 릴리프 밸브의 조정이 불량하면 굴삭 작업을 할 때 능력이 떨어진다.

56 굴삭 작업에 직접 관계되는 것은 암(디퍼스틱) 제어 레버, 붐 제어 레버, 버킷 제어 레버 등이다.

57 가스배관 매설위치를 확인할 때 인력굴착을 실시하여야 하는 범위는 가스배관의 주위 1m 이내이다.

58 작업장치 연결부분의 니플에는 그리스를 주유한다.

59 액슬축(차축) 지지방식에는 전부동식, 반부동식, 3/4부동식이 있다.

60 굴착기 버킷용량은 m³로 표시한다.

굴착기운전기능사 필기 모의고사 ❸ 정답 및 해설

정답

1	①	2	④	3	③	4	②	5	④	6	①	7	①	8	③	9	③	10	③
11	④	12	②	13	④	14	③	15	③	16	①	17	③	18	④	19	①	20	②
21	③	22	③	23	②	24	①	25	④	26	④	27	③	28	①	29	③	30	②
31	①	32	③	33	④	34	③	35	②	36	④	37	③	38	③	39	③	40	④
41	③	42	②	43	③	44	③	45	①	46	②	47	③	48	④	49	③	50	③
51	④	52	④	53	③	54	④	55	④	56	④	57	①	58	②	59	③	60	①

해설

2 스톨 포인트(Stall point)란 토크 컨버터의 터빈이 회전하지 않을 때 펌프에서 전달되는 회전력으로 펌프의 회전수와 터빈의 회전비율이 0으로 회전력이 최대인 점이다.

3 그리스 주유 여부는 니플의 볼을 눌러 확인한다.

4 베이퍼 록(Vapor lock)은 브레이크 오일이 비등 기화하여 오일의 전달 작용을 불가능하게 하는 현상이다.

5 흡기온도센서는 부특성 서미스터를 이용하며, 분사시기와 연료량 제어 보정신호로 사용된다.

6 **피벗 회전(Pivot turn) :** 좌·우측의 한 쪽 주행 레버만 밀거나 당겨서 한 쪽 트랙만 전·후진시켜 조향을 하는 방법이다.

7 **평활 슈 :** 도로를 주행할 때 포장노면의 파손을 방지하기 위해 사용한다.

10 **기동 전동기가 회전이 안 되는 원인**
- 시동스위치의 접촉 불량
- 축전지의 과다 방전
- 축전지 단자와 케이블의 접촉 불량 또는 단선
- 기동 전동기 브러시와 정류자의 밀착 불량
- 기동 전동기 전기자 코일 또는 계자 코일의 단락

11 **굴착기 작업장치의 동력전달 순서 :** 엔진 → 유압 펌프 → 제어 밸브 → 유압 실린더 및 유압 모터

12 유압장치의 수명연장을 위해서는 오일량 점검 및 필터 교환을 정기적으로 한다.

13 엔진 오일 여과방식에는 분류식, 샨트식, 전류식이 있다.

14 유압 펌프는 동력원과 커플링으로 직결되어 있어 동력원이 회전하는 동안에는 항상 회전하고 오일 탱크 내의 유압유를 흡입하여 제어 밸브(Control valve)로 송유(토출)한다.

15 건설기계관리법의 목적은 건설기계의 등록·검사·형식승인 및 건설기계사업과 건설기계조종사 면허 등에 관한 사항을 정하여 건설기계를 효율적으로 관리하고 건설기계의 안전도를 확보하여 건설공사의 기계화를 촉진함을 목적으로 한다.

16 센터 조인트는 상부회전체의 회전중심부에 설치되어 있으며, 유압 펌프의 유압유를 주행 모터로 전달한다.

17 거버너(Governor, 조속기)는 분사 펌프에 설치되어 있으며, 기관의 부하에 따라 자동적으

로 연료 분사량을 가감하여 최고 회전속도를 제어한다.

18 **도시가스의 압력 :** 저압 0.1MPa 미만, 중압 0.1Mpa 이상 1Mpa 미만, 고압 1MPa 이상

19 흡입행정은 사이클의 맨 처음 행정이며, 흡입 밸브는 열리고 배기 밸브는 닫혀 있다. 피스톤은 상사점에서 하사점으로 내려간다. 흡입공기는 피스톤이 내려감에 따라 실린더 내에 부압(부분진공)이 생겨 흡입되며, 이때 크랭크축은 180° 회전한다.

20 술에 취한 상태의 기준은 혈중 알코올 농도가 최소 0.03퍼센트 이상인 경우이다.

21 동력행정(폭발행정)에서는 흡·배기 밸브가 모두 닫혀 있다.

22 냉각방식에는 자연순환방식, 강제순환방식, 압력순환방식, 밀봉압력방식이 있다.

23 G(Green, 녹색), L(Blue, 파랑색), B(Black, 검정색), R(Red, 빨강색)

24 접촉저항은 스위치 접점, 배선의 커넥터, 축전지 단자(터미널) 등에서 발생하기 쉽다.

26 건설기계 등록원부는 건설기계의 등록을 말소한 날부터 10년간 보존하여야 한다.

27 축전지의 병렬 연결이란 같은 전압, 같은 용량의 축전지 2개 이상을 [+]단자는 다른 축전지의 [+]단자에, [−]단자는 [−]단자에 접속하는 방식이며, 용량은 연결한 개수만큼 증가하지만 전압은 1개일 때와 같다.

28 등록 말소 신청서의 첨부서류는 건설기계 등록증, 건설기계 검사증, 건설기계의 멸실, 도난 등 말소사유를 확인할 수 있는 서류 등이다.

29 **유압 펌프의 토출압력**
- 기어 펌프 : 10~250kgf/cm²
- 베인 펌프 : 35~140kgf/cm²
- 레이디얼 플런저 펌프 : 140~250kgf/cm²
- 액시얼 플런저 펌프 : 210~400kgf/cm²

30 시·도지사는 정기검사를 받지 아니한 건설기계의 소유자에게 유효기간이 끝난 날부터 3개월 이내에 국토교통부령으로 정하는 바에 따라 10일 이내의 기한을 정하여 정기검사를 받을 것을 최고하여야 한다.

32 건설기계 사업의 종류에는 매매업, 대여업, 해체재활용업, 정비업이 있다.

33 언로드(Unloader) 회로는 작업 중에 유압 펌프 유량이 필요하지 않게 되었을 때 유압유를 저압으로 오일 탱크에 귀환시킨다.

34 **크롤러형 굴착기에서 하부추진체의 동력전달 순서 :** 기관 → 유압 펌프 → 제어 밸브 → 센터 조인트 → 주행 모터 → 트랙

35 **서행 또는 일시정지할 장소 :** 비탈길의 고갯마루 부근, 도로가 구부러진 부분, 가파른 비탈길의 내리막

37 오일이 누유될 때 가장 먼저 오일 실(Oil seal)을 점검한다.

38 최고 속도 15km/h 미만 타이어식 건설기계에 갖추어야 하는 조명장치는 전조등, 후부반사기, 제동등이다.

39 **유압 실린더 지지방식 :** 풋(푸트)형, 플랜지형, 트러니언형, 클레비스형

40 협착(압상)이란 취급하는 중량물과 지면, 건축물 등에 끼여 발생하는 재해이다.

41 안전지대라 함은 도로를 횡단하는 보행자나 통행하는 차마의 안전을 위하여 안전표지 등으로 표시된 도로의 부분이다.

42 유압 모터는 회전운동, 유압 실린더는 직선운동을 한다.

43 시퀀스 밸브는 2개 이상의 분기회로에서 실린더나 모터의 작동순서를 결정한다.

44 오거(Auger)는 유압 모터를 이용한 스크루로 구멍을 뚫고 전신주 등을 박는 작업에 사용되는 굴착기 작업장치이다.

45 오일 탱크 내의 오일을 배출시킬 때에는 드레인 플러그를 사용한다.

46 이젝터 버킷은 진흙 등의 굴착 작업을 할 때 용이하다.

47 디셀러레이션 밸브는 유압 실린더를 행정 최종 단에서 실린더의 속도를 감속하여 서서히 정지시키고자 할 때 사용한다.

48 버킷 투스는 심하게 마모되었을 때 교환한다.

49 카바이드에서는 아세틸렌가스가 발생하므로 전등 스위치가 옥내에 있으면 안 된다.

50 버킷 투스를 교환할 때에는 핀과 고무 등을 함께 교환한다.

52 굴착기의 상부회전체는 360° 회전이 가능하다.

54 암과 붐의 각도가 직각 위치에 있을 때 가장 큰 굴삭력을 발휘한다.

55 안내표지는 녹색바탕에 백색으로 안내대상을 지시하는 표지판이다.

56 굴삭 작업에 직접 관계되는 것은 암(스틱) 제어 레버, 붐 제어 레버, 버킷 제어 레버 등이다.

57 줄파기 1일 시공량 결정은 시공속도가 가장 느린 천공 작업에 맞추어 결정한다.

58 **조향 핸들의 유격이 커지는 원인 :** 조향(스티어링) 기어 박스 장착부의 풀림, 조향 기어 링키지 조정 불량, 피트먼 암의 헐거움, 타이로드의 볼 조인트 마모, 조향바퀴 베어링 마모

59 무한궤도식 굴착기를 장거리 이동할 경우에는 트레일러로 운반해야 하는 단점이 있다.

60 드래그 라인(Drag line)은 긁어 파기 작업을 할 때 사용하는 기중기의 작업장치이다.

굴착기운전기능사 필기 모의고사 ④ 정답 및 해설

정답

1	①	2	④	3	③	4	④	5	④	6	②	7	③	8	①	9	④	10	③
11	④	12	③	13	③	14	②	15	②	16	④	17	②	18	①	19	①	20	③
21	④	22	④	23	④	24	③	25	③	26	①	27	④	28	④	29	④	30	③
31	③	32	②	33	②	34	④	35	②	36	③	37	④	38	②	39	④	40	①
41	④	42	②	43	④	44	④	45	④	46	④	47	③	48	①	49	②	50	④
51	②	52	④	53	④	54	①	55	③	56	①	57	①	58	②	59	②	60	④

해설

2 작업복은 주머니가 적고, 팔이나 다리 부분이 노출되지 않는 것이 좋다.

3 체크 밸브(Check valve)는 역류를 방지하고, 회로 내의 잔류압력을 유지시키며, 오일의 흐름이 한 쪽 방향으로만 가능하게 한다.

4 건설기계에서는 주로 3상 교류발전기를 사용한다.

5 페일 세이프(Fail safe)란 인간 또는 기계에 과오나 동작상의 실패가 있어도 안전사고를 발생시키지 않도록 하는 통제방책이다.

6 무한궤도식 굴착기는 상부롤러 중심선 이상이 물에 잠기지 않도록 주의하면서 도하한다.

9 유압 펌프가 유압유를 토출하지 않을 때의 원인
- 유압 펌프 회전속도가 너무 낮을 때
- 흡입관 또는 스트레이너가 막혔을 때
- 유압 펌프의 회전방향이 반대로 되어있을 때
- 유압 펌프 입구에서 공기를 흡입할 때
- 유압유의 양이 부족할 때
- 유압유의 점도가 너무 높을 때

11 예열장치는 한랭한 상태에서 기관을 시동할 때 시동을 원활히 하기 위해 사용한다.

12 건설기계의 구조 변경을 할 수 없는 경우 : 건설기계의 기종 변경, 육상작업용 건설기계의 규격을 증가시키기 위한 구조 변경, 육상작업용 건설기계의 적재함 용량을 증가시키기 위한 구조 변경

13 오일량은 정상인데 유압유가 과열하면 가장 먼저 오일 쿨러를 점검한다.

15 건설기계 등록신청은 소유자의 주소지 또는 건설기계 사용 본거지를 관할하는 시·도지사에게 한다.

16 유압 모터는 넓은 범위의 무단변속이 용이한 장점이 있다.

17 제1종 대형 운전면허로 조종할 수 있는 건설기계 : 덤프트럭, 아스팔트 살포기, 노상안정기, 콘크리트 믹서 트럭, 콘크리트 펌프, 트럭적재식 천공기

18 최고 속도의 50%를 감속하여 운행하여야 할 경우 : 노면이 얼어붙은 때, 폭우·폭설·안개 등으로 가시거리가 100미터 이내일 때, 눈이 20밀리미터 이상 쌓인 때

19 파스칼의 원리
- 밀폐된 용기 속의 액체 일부에 가해진 압력

은 각부에 똑같은 세기로 전달된다.
- 액체의 압력은 면에 대하여 직각으로 작용한다.
- 각 점의 압력은 모든 방향으로 같다.

20 회전반경을 적게 하려면 2개의 주행 모터를 서로 반대 방향으로 동시에 구동시킨다. 즉 스핀 턴(Spin turn)을 한다.

22 적성검사 기준
- 두 눈의 시력이 각각 0.3 이상일 것(교정시력 포함)
- 두 눈을 동시에 뜨고 잰 시력이 0.7 이상일 것(교정시력 포함)
- 시각은 150도 이상일 것
- 55데시벨(보청기를 사용하는 사람은 40데시벨)의 소리를 들을 수 있을 것
- 언어분별력이 80% 이상일 것

23 유압장치의 장점
- 작은 동력원으로 큰 힘을 낼 수 있다.
- 속도제어와 과부하 방지가 용이하다.
- 운동방향을 쉽게 변경할 수 있다.
- 에너지 축적이 가능하다.
- 윤활성, 내마멸성, 방청성이 좋다.
- 힘의 전달과 증폭 및 연속적 제어가 용이하다.

24 숫돌에 습기가 있으면 파손되기 쉽다.

25 주행방향이 틀려지는 이유는 트랙의 균형(정렬) 불량, 센터 조인트 작동 불량, 유압계통의 불량, 지면의 불규칙 등이다.

28 건설기계 등록신청은 건설기계를 취득한 날로부터 2월(60일) 이내 하여야 한다.

29 유압기기의 작동 속도를 높이려면 유압 펌프의 토출유량을 증가시킨다.

30 주행 전에 선회고정장치는 반드시 잠가 놓는다.

32 굴착기로 작업할 때 작업 반경을 초과해서 하중을 이동시켜서는 안 된다.

33 굴착기로 작업할 때 하강하는 버킷이나 붐의 중력을 이용하여 굴착해서는 안 된다.

34 산소가 희박한 작업장에서는 송풍(송기)마스크를 착용하여야 한다.

35 감압(리듀싱) 밸브는 회로 일부의 압력을 릴리프 밸브의 설정압력(메인 유압) 이하로 하고 싶을 때 사용한다.

36 암석, 토사 등을 평탄하게 고를 때 선회관성을 이용하면 스윙 모터에 과부하가 걸리기 쉽다.

37 재해예방의 4원칙 : 예방가능의 원칙, 손실우연의 원칙, 원인계기의 원칙, 대책선정의 원칙

38 트레일러로 굴착기를 운반할 때 작업장치를 반드시 뒤쪽으로 한다.

39 굴착공사자는 매설배관 위치를 매설배관 직상부의 지면에 황색 페인트로 표시할 것

40 클러치 압력판과 플라이 휠은 항상 함께 회전하므로 동적 평형이 잘 잡혀 있어야 한다.

41 트랙 유격이 너무 크면 트랙이 벗겨지기 쉽다.

42 진공 제동 배력장치(하이드로 백)는 흡기다기관 진공과 대기압과의 차이를 이용한 것이므로 배력장치에 고장이 발생하여도 일반적인 유압 브레이크로 작동할 수 있도록 하고 있다.

43 무한궤도식 굴착기의 환향(조향)은 주행 모터로 한다.

45 트랙형 굴착기의 주행장치에 브레이크가 없는 이유는 주행 제어 레버를 중립으로 하면 주행 모터의 작동유 공급 쪽과 복귀 쪽 회로가 차단되기 때문이다.

46 직접분사실식 연소실은 실린더 헤드와 피스톤 헤드에 설치된 요철에 의하여 형성되며, 여기에 직접 연료를 분사하는 방식이다. 분사 노즐은 다공형을 사용하며, 질소산화물(NOx)의 발생률이 크다.

47 절토 작업을 할 때 상·하부 동시작업을 해서는 안 된다.

48 연료압력센서(RPS)는 반도체 피에조 소자를 사용하며, 이 센서의 신호를 받아 컴퓨터는 연료분사량 및 분사시기를 조정한다. 고장이 발생하면 림프 홈 모드(페일 세이프)로 진입하여 연료 압력을 400bar로 고정시킨다.

49 굴착기 작업은 후진시키면서 한다.

50 오일 펌프의 종류에는 기어 펌프, 베인 펌프, 로터리 펌프, 플런저 펌프가 있다.

51 버킷 투스의 끝이 암(디퍼스틱)보다 바깥쪽으로 향해야 한다.

53 크랭크축은 메인 저널, 크랭크 핀(Crank pin), 크랭크 암(Crank arm), 평형추(Balance weight)로 되어 있다.

54 엔진 가동을 정지한 후 가속 레버는 저속으로 내려놓는다.

55 4실린더 엔진은 크랭크축의 위상각이 180°이고 5개의 메인 베어링에 의해 크랭크 케이스에 지지된다.

56 아워 미터(시간계)는 엔진의 가동시간을 표시하는 계기이며, 설치목적은 가동시간에 맞추어 예방정비 및 각종 오일교환과 각 부위 주유를 정기적으로 하기 위함이다.

57 워터 펌프(Water pump)가 불량하면 교환하여야 한다.

58 응축기(Condenser)는 고온·고압의 기체 냉매를 냉각에 의해 액체 냉매 상태로 변화시키는 작용을 한다.

60 굴착기의 작업 사이클은 굴착 → 붐 상승 → 스윙 → 적재 → 스윙 → 굴착 순서이다.

정답

1	①	2	①	3	③	4	①	5	③	6	①	7	②	8	③	9	③	10	①
11	②	12	②	13	④	14	②	15	④	16	③	17	②	18	④	19	④	20	③
21	②	22	③	23	④	24	③	25	③	26	②	27	④	28	②	29	④	30	①
31	③	32	①	33	③	34	①	35	②	36	②	37	③	38	③	39	④	40	④
41	④	42	④	43	③	44	②	45	④	46	①	47	③	48	①	49	①	50	④
51	④	52	④	53	①	54	②	55	③	56	②	57	①	58	③	59	①	60	②

해설

1 암반을 통과할 때 엔진 회전속도는 중속이어야 한다.

2 릴리스 베어링은 영구 주유 방식을 사용하므로 세척유로 세척해서는 안 된다.

4 냉각 팬이 회전할 때 공기가 향하는 방향은 방열기 방향이다.

5 유압 브레이크에서 잔압을 유지시키는 부품은 체크 밸브이다.

6 시·도지사가 저당권이 등록된 건설기계를 말소할 때 미리 그 뜻을 건설기계의 소유자 및 이해관계인에게 통보한 후 3개월이 지나지 않으면 등록을 말소할 수 없다.

7 토 인은 타이 로드로 조정한다.

8 건식 공기청정기의 효율 저하를 방지하려면 정기적으로 압축공기로 먼지 등을 털어 낸다.

9 플라이 휠 링 기어가 소손되면 기동전동기는 회전되나 엔진은 크랭킹이 되지 않는다.

10 터보 차저(과급기)는 기관의 출력을 증대시키는 장치이다.

11 **0.85RW** : 0.85는 전선의 단면적이 $0.85mm^2$, R는 전선피복의 바탕색, W는 전선피복의 줄무늬 색을 의미한다.

12 교차로 가장자리 또는 도로의 모퉁이로부터 5m 이내의 장소에 정차 및 주차를 해서는 안 된다.

14 **주행 중 시동이 꺼지는 원인**
- 연료 여과기가 막혔을 때
- 연료 탱크에 오물이 들어 있을 때
- 연료 파이프에서 누설이 있을 때
- 연료가 결핍되었을 때

16 액추에이터(작업장치)는 유압 펌프를 통하여 송출된 에너지를 직선운동이나 회전운동을 통하여 기계적 일을 하는 기기이다.

17 **건설기계 등록의 말소사유**
- 건설기계를 폐기한 경우
- 건설기계가 멸실된 경우
- 건설기계의 차대가 등록 시의 차대와 다른 경우
- 부정한 방법으로 등록을 한 경우
- 구조 및 성능기준에 적합하지 아니하게 된 경우
- 정기검사의 최고를 받고 지정된 기한까지 검사를 받지 아니한 경우

- 건설기계를 도난당한 경우
- 건설기계를 수출하는 경우

18 유량 제어 밸브는 일의 속도를 결정하며, 종류에는 교축(스로틀) 밸브, 분류 밸브, 니들 밸브, 오리피스 밸브, 속도 제어 밸브, 급속 배기 밸브 등이 있다.

19 건설기계 형식이란 구조·규격 및 성능 등에 관하여 일정하게 정한 것을 말한다.

20 술에 취한 상태의 기준은 혈중 알코올 농도 0.03% 이상일 때이다.

21 유압유 탱크의 유량은 유면계로 점검한다.

23 카운터 밸런스 밸브(Counter balance valve)는 유압 실린더 등이 중력에 의한 자유낙하를 방지하기 위해 배압을 유지한다.

26 굴착기는 토사 굴토 작업, 굴착 작업, 도랑파기 작업, 쌓기, 깎기, 되메우기, 토사 상차 작업에 사용된다.

27 **플런저(피스톤) 펌프의 특징** : 피스톤은 직선 운동을 하고, 축은 회전 또는 왕복운동을 한다. 펌프효율이 가장 높고, 가변용량에 적합하며 (토출유량의 변화 범위가 큼), 토출압력이 높다.

29 **적성검사 기준**
- 두 눈의 시력이 각각 0.3 이상일 것(교정시력 포함)
- 두 눈을 동시에 뜨고 잰 시력이 0.7 이상일 것(교정시력 포함)
- 시각은 150도 이상일 것
- 55데시벨(보청기를 사용하는 사람은 40데시벨)의 소리를 들을 수 있을 것
- 언어분별력이 80% 이상일 것

30 **난연성 작동유의 종류** : 인산에스텔형, 폴리올 에스텔형, 수중유형(O/W), 유중수형(W/O), 물-글리콜형

32 브레이커는 정(Chisel)의 머리 부분에 유압방식 왕복해머로 연속적으로 타격을 가해 암석, 콘크리트, 아스팔트 등을 파쇄하는 작업장치이다.

33 유압계통 내의 흐름용량이 부족하면 액추에이터의 속도가 느려진다.

35 붐은 풋(푸트) 핀에 의해 상부회전체에 설치된다.

36 압력은 힘÷단면적으로 나타낸다.

37 **붐의 자연 하강량이 큰 원인** : 유압 실린더 내부 누출, 컨트롤 밸브 스풀에서의 누출, 유압 실린더 배관의 파손, 과도하게 낮은 유압

39 **굴착기 작업장치의 동력전달 순서** : 엔진 → 유압 펌프 → 제어 밸브 → 유압 실린더 및 유압 모터

41 유압유 첨가제에는 마모 방지제, 점도지수 향상제, 산화 방지제, 소포제(기포 방지제), 유동점 강하제, 유성 향상제 등이 있다.

42 리퍼(Ripper)는 굳은 땅, 언 땅, 콘크리트 및 아스팔트 파괴 또는 나무뿌리 뽑기, 발파한 암석 파기 등에 사용된다.

43 배관의 심도가 0.6m인 도시가스 배관은 그 보호포가 설치된 위치로부터 최소한 0.4m 이상 깊이에 매설되어 있다.

44 굴착기 상부회전체는 스윙 볼 레이스에 의해 하부주행체와 연결된다.

45 "고압선 위험" 표지 시트 직하에 전력 케이블이 묻혀 있다.

46 밸런스 웨이트(평형추)는 작업을 할 때 굴착기의 뒷부분이 들리는 것을 방지한다.

47 녹색은 응급치료소 응급처치용 장비를 표시하는 데 사용한다.

48 베이퍼 록이 발생하는 원인
- 브레이크 드럼의 과열 및 잔압의 저하
- 긴 내리막길에서 과도한 브레이크 사용
- 라이닝과 브레이크 드럼의 간극 과소
- 브레이크 오일의 변질에 의한 비등점 저하
- 불량한 브레이크 오일 사용

49 무한궤도형 굴착기를 장거리 이동할 경우에는 트레일러로 운반해야 하는 단점이 있다.

50 파이널 드라이브는 동력전달장치의 종감속 기어를 말한다.

51 터보 차저에는 기관 오일이 공급된다.

52 추진축은 타이어형 건설기계의 동력전달장치에서 사용한다.

53 납산 축전지를 오랫동안 방전상태로 방치해두면 극판이 영구 황산납이 되어 사용하지 못하게 된다.

54 센터 조인트는 상부회전체의 회전중심부에 설치되어 있으며, 메인 펌프의 유압유를 주행 모터로 전달한다.

55 커먼 레일 디젤기관에서 사용하는 공기유량센서는 열막 방식이다.

56 스핀 회전(Spin turn) : 좌·우측 주행 레버를 동시에 한 쪽 레버는 앞으로 밀고, 다른 한 쪽 레버는 당기면 차체 중심을 기점으로 급회전이 이루어진다.

57 감압 밸브는 상시 개방형이며 유압이 규정값 이상으로 높아지면 닫혀 출구 쪽의 유압을 규정값으로 한다.

59 덤프트럭에 상차 작업을 할 때 굴착기의 선회 거리를 가장 짧게 하여야 한다.

60 라디에이터 캡의 스프링 장력이 느슨해지면 비등점이 낮아지므로 엔진이 과열할 우려가 있다.

정답

1	④	2	④	3	②	4	②	5	④	6	④	7	②	8	④	9	④	10	④
11	②	12	②	13	②	14	②	15	②	16	①	17	②	18	③	19	③	20	④
21	④	22	③	23	③	24	③	25	③	26	①	27	①	28	①	29	③	30	②
31	②	32	③	33	①	34	②	35	②	36	④	37	②	38	②	39	②	40	③
41	②	42	①	43	③	44	②	45	②	46	④	47	②	48	②	49	①	50	②
51	②	52	③	53	③	54	④	55	①	56	②	57	③	58	②	59	④	60	③

해설

2 아워 미터(시간계)는 엔진의 가동시간을 표시하는 계기이며, 설치목적은 가동시간에 맞추어 예방 정비 및 각종 오일 교환과 각 부위 주유를 정기적으로 하기 위함이다.

3 교통정리가 행하여지고 있지 않은 교차로에서 차량이 동시에 교차로에 진입한 때 우측도로의 차량이 우선한다.

5 디젤기관의 노크는 연소실에 누적된 연료가 많아 일시에 연소할 때 발생한다.

6 **무한궤도식 굴착기의 하부추진체 동력전달 순서** : 기관 → 유압 펌프 → 제어 밸브 → 센터 조인트 → 주행 모터 → 트랙

7 축전지의 용량에 영향을 주는 요인은 방전율과 극판의 크기, 전해액의 비중, 전해액의 온도, 극판의 수 등이다.

8 굴삭 작업에 직접 관계되는 것은 암(디퍼스틱) 제어 레버, 붐 제어 레버, 버킷 제어 레버 등이다.

9 엔진의 온도가 급상승하면 가장 먼저 냉각수의 양을 점검한다.

10 기어 펌프는 정용량형이며, 제작이 용이하나 다른 펌프에 비해 소음이 큰 단점이 있다.

11 **실린더 수가 많을 때의 특징** : 회전력의 변동이 적어 기관 진동과 소음이 적고, 회전의 응답성이 양호하며, 저속회전이 용이하고 출력이 높으며, 가속이 원활하고 신속한 장점이 있다. 흡입공기의 분배가 어렵고 연료소모가 많으며, 구조가 복잡하여 제작비가 비싼 단점이 있다.

13 릴리프 밸브는 유압 제어 밸브이다.

14 교통안전표지의 구분은 주의표지, 규제표지, 지시표지, 보조표지, 노면표시이다.

15 액슬 허브 오일을 교환할 때 오일을 배출시킬 경우에는 플러그를 6시 방향에, 주입할 때는 9시 방향에 위치시킨다.

16 **연료라인의 공기빼기 작업**
 • 연료 탱크 내의 연료가 결핍되어 보충한 경우
 • 연료 호스나 파이프 등을 교환한 경우
 • 연료 필터의 교환, 분사 펌프를 탈·부착한 경우

17 리닝장치는 모터그레이더에서 회전반경을 줄이기 위해 사용하는 앞바퀴 경사장치이다.

18 헤드 개스킷은 실린더 헤드와 블록 사이에 삽입하여 압축과 폭발가스의 기밀을 유지하고 냉각수와 엔진 오일이 누출되는 것을 방지한다.

19 센터 조인트는 상부회전체의 회전중심부에 설치되어 있으며, 메인 펌프의 유압유를 주행 모터로 전달한다. 또 상부회전체가 회전하더라도 호스, 파이프 등이 꼬이지 않고 원활히 공급할 수 있도록 한다.

20 교류 발전기의 다이오드는 정류 작용과 역류 방지 작용을 한다.

21 준설선의 건설기계 범위는 펌프식, 버킷식, 디퍼식 또는 그래브식으로 비자항식인 것이다.

22 방열판(히트 싱크)은 교류발전기의 다이오드를 냉각시키는 부품이다.

23 **수시검사** : 성능이 불량하거나 사고가 자주 발생하는 건설기계의 안전성 등을 점검하기 위하여 수시로 실시하는 검사와 건설기계 소유자의 신청을 받아 실시하는 검사

25 시퀀스 밸브는 2개 이상의 분기회로에서 유압 실린더나 모터의 작동순서를 결정한다.

26 화재경보기로부터 3m 지점

27 **어큐뮬레이터(축압기)의 용도** : 압력 보상, 체적변화 보상, 유압에너지 축적, 유압회로 보호, 맥동 감쇠, 충격압력 흡수, 일정압력 유지, 보조 동력원으로 사용

29 압력의 단위는 kgf/cm², PSI, Pa(kPa, MPa), mmHg, bar, atm, mAq 등을 사용한다.

30 경고표지판은 조종실 내부의 조종사가 보기 쉬운 곳에 부착한다.

31 디셀러레이션 밸브는 유압 모터의 속도를 감속하는 데 사용한다.

32 캐비테이션은 공동현상이라고도 부르며, 저압 부분의 유압이 진공에 가까워짐으로서 기포가 생기며 이로 인해 국부적인 고압이나 소음이 발생하는 현상이다.

33 연삭 칩의 비산을 방지하기 위하여 연삭기에 부착하여야 하는 안전방호장치는 안전덮개이다.

34 **사고를 많이 발생시키는 순서** : 불안전행위 → 불안전조건 → 불가항력

35 암석, 토사 등을 평탄하게 고를 때는 선회관성을 이용하면 스윙 모터에 과부하가 걸리기 쉽다.

37 굴착기로 작업할 때 작업 반경을 초과해서 하중을 이동시켜서는 안 된다.

38 **화재의 분류**
  • A급 화재 : 연료 후 재를 남기는 일반적인 화재
  • B급 화재 : 유류(휘발유, 벤젠 등)화재
  • C급 화재 : 전기화재
  • D급 화재 : 금속화재

40 암석을 옮길 때는 버킷으로 밀어내도록 한다.

42 굴착을 깊게 할 때에는 여러 단계로 나누어 굴착을 하여야 한다.

43 도로 굴착자는 되메움 공사 완료 후 도시가스 배관 손상 방지를 위하여 최소한 3개월 이상 지반 침하 유무를 확인하여야 한다.

44 **토 인의 필요성** : 조향바퀴를 평행하게 회전시키고, 조향바퀴가 옆 방향으로 미끄러짐 방지 및 타이어 이상마멸을 방지한다. 또 조향 링키지 마멸에 따라 토 아웃(Toe-out) 되는 것을 방지한다.

45 브레이크에 페이드 현상이 발생하면 정차시켜 열이 식도록 한다.

46 하부 롤러는 건설기계의 전체 하중을 지지하고 중량을 트랙에 균등하게 분배해 주며, 트랙의 회전위치를 바르게 유지한다.

47 경사지에서 작업할 때 측면절삭을 해서는 안 된다.

50 트레일러로 굴착기를 운반할 때 전부(작업)장치를 반드시 뒤쪽으로 한다.

51 버킷 투스의 끝이 암(디퍼스틱)보다 바깥쪽으로 향해야 한다.

52 O-링은 탄성이 양호하고 압축변형이 적을 것

54 건설기계 등록신청은 건설기계를 취득한 날로부터 2월(60일) 이내 하여야 한다.

56 전력 케이블의 매설 깊이는 차도 및 중량물의 영향을 받을 우려가 없는 경우 0.6m 이상

57 밸브와 주배관이 접속하는 접속구는 4개이다.

58 토크 렌치는 볼트나 너트를 규정토크로 조일 때 사용한다.

59 무한궤도식 굴착기의 환향(조향)은 주행 모터로 한다.

60 퓨즈는 전기장치에서 과전류에 의한 화재예방을 위해 사용하는 부품이다.

정답

1	①	2	①	3	①	4	①	5	③	6	②	7	②	8	①	9	①	10	①
11	④	12	④	13	①	14	④	15	③	16	④	17	③	18	④	19	②	20	④
21	③	22	④	23	③	24	③	25	③	26	③	27	③	28	②	29	②	30	④
31	②	32	③	33	①	34	④	35	③	36	①	37	④	38	④	39	③	40	②
41	③	42	②	43	③	44	②	45	④	46	③	47	②	48	③	49	④	50	①
51	③	52	③	53	②	54	①	55	③	56	①	57	③	58	①	59	③	60	①

해설

1 **피벗 회전(Pivot turn)** : 좌·우측의 한 쪽 주행 레버만 밀거나 당겨서 한 쪽 트랙만 전·후진시켜 조향을 하는 방법이다.

2 유압기기의 작동속도를 높이기 위해서는 유압 펌프의 토출유량을 증가시킨다.

3 세미실드 형식의 전조등은 렌즈와 반사경은 일체로 되어 있으나 전구는 교환이 가능하므로 전조등이 점등되지 않으면 전구를 교환한다.

4 굴착기는 작업장치, 상부회전체, 하부추진체로 구성된다.

5 건설기계 제동장치를 검사할 때 모든 축의 제동력의 합이 당해 축중(빈차)의 최소 50% 이상이어야 한다.

6 실(Seal)은 오일이 누출되는 것을 방지하는 부품이다.

7 팬 벨트 장력 점검은 기관 가동이 정지된 상태에서 벨트의 중심을 엄지손가락으로 눌러서 점검한다.

8 **유압이 낮아지는 원인**
- 오일 팬 내에 오일이 부족할 때
- 크랭크축 오일 틈새가 클 때
- 오일 펌프가 불량할 때
- 유압 조절 밸브(릴리프 밸브)가 열린 상태로 고장났을 때
- 기관 각부의 마모가 심할 때
- 기관 오일에 경유가 혼입되었을 때

9 축전지를 방전하면 양극판의 과산화납, 음극판의 해면상납 모두 황산납이 된다.

10 과급기의 작동은 배기가스가 임펠러를 회전시키면 공기가 흡입되어 디퓨저에 들어가며, 디퓨저에서는 공기의 속도에너지가 압력에너지로 바뀌게 된다. 또 압축공기가 각 실린더의 밸브가 열릴 때마다 들어가 충전효율이 증대된다.

11 실드형 예열 플러그는 히트 코일이 보호금속 튜브 속에 밀봉되어 있다.

13 수온조절기가 열린 상태로 고장나면 기관을 가동시킨 후 충분한 시간이 지났는데도 냉각수 온도가 정상적으로 상승하지 못한다.

15 과급기(터보 차저)는 흡기관과 배기관 사이에 설치되며, 배기가스로 구동된다. 배기량이 일정한 상태에서 연소실에 강압적으로 많은 공기를 공급하여 흡입효율(체적효율)을 높이고 기관의 출력과 토크(회전력)를 증대시키기 위한 장치이다.

17 건설기계의 총 종류 수는 27종(26종 및 특수 건설기계)이다.

18 **건설기계 사업의 종류** : 매매업, 대여업, 해체 재활용업, 정비업

19 유압 펌프의 토출량 단위는 LPM(ℓ/min) 또는 GPM이다.

21 **정차 및 주차 금지 장소** : 건널목 가장자리로부터 10m 이내, 정류장 표시판으로부터 10m 이내, 교차로 가장자리로부터 5m 이내

22 레이디얼 플런저 모터(Radial plunger motor)는 플런저가 구동축의 직각방향으로 설치되어 있다.

24 도시가스 매설 배관 표지판은 포장도로 및 공동주택 부지 내의 도로에 라인마크와 함께 설치해서는 안 된다.

25 오해의 위험이 없는 경우에는 기호를 회전하거나 뒤집어도 된다.

26 토치에 점화할 때 전용 라이터를 사용하여야 한다.

27 유성 향상제는 금속 사이의 마찰을 방지하기 위한 방안으로 마찰계수를 저하시키기 위하여 사용한다.

30 작동유의 열화 촉진 인자는 열, 수분, 공기, 금속 등이다.

31 붐은 풋(푸트) 핀에 의해 상부회전체에 설치된다.

33 V형 버킷은 배수로, 농수로 등 도랑파기 작업을 할 때 사용한다.

34 유압 펌프는 원동기의 기계적에너지를 유압에너지로 변환하는 장치이다.

35 오거(또는 어스 오거)는 유압 모터를 이용한 스크루로 구멍을 뚫고 전신주 등을 박는 작업에 사용되는 굴착기 작업장치이다.

37 굴착기의 작업 사이클은 굴착 → 붐 상승 → 스윙 → 적재 → 스윙 → 굴착 순서이다.

38 보라색은 방사능 위험 표시이다.

39 무한궤도형 굴착기에는 일반적으로 주행 모터 2개와 스윙 모터 1개가 설치된다.

41 힌지드 버킷은 지게차 작업장치 중의 하나이다.

42 저압 타이어의 호칭 치수는 타이어의 폭 타이어의 내경-플라이 수로 표시한다.

44 암석, 토사 등을 평탄하게 고를 때 선회관성을 이용하면 스윙 모터에 과부하가 걸린다.

45 **클러치의 구비조건**
• 회전부분의 관성력이 작을 것
• 동력전달이 확실하고 신속할 것
• 방열이 잘되어 과열되지 않을 것
• 회전부분의 평형이 좋을 것
• 단속 작용이 확실하며 조작이 쉬울 것

46 그리스 주유 확인은 니플의 볼을 눌러 확인한다.

47 트랙의 장력을 조정하는 방법에는 그리스 주입 방식과 조정 너트 방식이 있다.

48 **타이어형과 무한궤도형의 특징**
• 타이어형 : 장거리 이동이 쉽고, 기동성이 양호하며, 변속 및 주행속도가 빠르다.
• 무한궤도형 : 접지압력이 낮아 습지, 사지, 기복이 심한 곳에서의 작업이 유리하다.

49 릴리프 밸브의 조정이 불량하면 굴삭 작업을 할 때 능력이 떨어진다.

50 **화재 발생 3요소** : 가연성 물질, 점화원(불씨), 산소

53 타이어식 굴착기가 주행할 때 주행 모터의 회전력이 입력축을 통해 전달되면 변속기 내의 유성기어→유성기어 캐리어→출력축을 통해 차축으로 전달된다.

54 절연 불량은 절연물의 균열, 열, 물, 오물 등에 의해 절연이 파괴되는 현상을 말하며, 이때 전류가 누전된다.

55 센터 조인트는 상부회전체의 회전중심부에 설치되어 있으며, 메인 펌프의 유압유를 주행 모터로 전달한다.

56 정비명령을 이행하지 아니한 자에 대한 벌칙은 1년 이하의 징역 또는 1천만 원 이하의 벌금이다.

57 유압식 굴착기는 주행동력을 유압 모터(주행 모터)로부터 공급받는다.

58 실린더 벽 또는 피스톤 링이 마모되면 엔진 오일이 연소실로 올라온다.

59 주행 전에 선회 고정장치는 반드시 잠가 놓는다.

정답

1	②	2	①	3	①	4	④	5	①	6	④	7	④	8	④	9	②	10	②
11	③	12	②	13	②	14	③	15	③	16	①	17	③	18	③	19	③	20	③
21	①	22	④	23	④	24	④	25	①	26	④	27	①	28	①	29	②	30	①
31	①	32	②	33	①	34	①	35	①	36	④	37	①	38	①	39	④	40	①
41	①	42	①	43	③	44	③	45	①	46	③	47	②	48	①	49	④	50	③
51	③	52	④	53	②	54	②	55	③	56	③	57	②	58	①	59	①	60	③

해설

1 굴삭 작업을 할 때에는 주로 암(디퍼스틱) 실린더를 사용한다.

2 디젤 엔진은 연료 공급을 차단하여 시동을 멈춘다.

3 **임시운행 사유**
- 등록신청을 하기 위하여 건설기계를 등록지로 운행하는 경우
- 신규등록검사 및 확인검사를 받기 위하여 건설기계를 검사장소로 운행하는 경우
- 수출을 하기 위하여 건설기계를 선적지로 운행하는 경우
- 신개발 건설기계를 시험·연구의 목적으로 운행하는 경우
- 판매 또는 전시를 위하여 건설기계를 일시적으로 운행하는 경우

4 주행 중 이상소음, 이상냄새 등을 느낀 경우에는 작업 전에 점검한다.

5 4행정 사이클 기관에서 크랭크축 기어와 캠축 기어와의 지름비율 및 회전비율은 각각 1:2 및 2:1이다.

6 **굴착기 작업장치의 동력전달 순서 :** 엔진 → 유압 펌프 → 제어 밸브 → 유압 실린더 및 유압 모터

7 냉각수 온도를 적절하게 조절하는 부품은 수온조절기이다.

8 오일 펌프의 종류에는 플런저 펌프, 기어 펌프, 베인 펌프, 로터리 펌프가 있다.

10 퓨저블 링크(Fusible link)는 전기회로를 보호하기 위한 장치이다.

11 12V 배터리는 2.1V의 셀 6개를 직렬로 연결한다.

12 견인되는 자동차가 켜야 하는 등화는 차폭등, 미등, 번호등이다.

13 전조등 회로는 퓨즈, 라이트 스위치, 디머스 위치로 구성되어 있다.

14 히트 싱크는 다이오드를 냉각시키는 부품이다.

15 최고 속도 15km/h 미만 타이어식 건설기계에 갖추어야 하는 조명장치는 전조등, 후부반사기, 제동등이다.

16 연료압력센서(RPS)는 반도체 피에조 소자를 사용하며, 이 센서의 신호를 받아 컴퓨터는 연료분사량 및 분사시기 조정신호로 사용한다. 고장이 발생하면 림프 홈 모드(페일 세이프)로

진입하여 연료압력을 400bar로 고정시킨다.

19 액체의 일반적인 성질
- 액체는 압축할 수 없다.
- 액체는 힘과 운동을 전달할 수 있다.
- 액체는 운동방향을 바꿀 수 있다.
- 액체는 힘을 증대시킬 수 있고 감소시킬 수도 있다.

20 체크 밸브(Check valve)의 기능은 역류를 방지하고, 회로 내의 잔류압력을 유지시키며, 오일의 흐름이 한 쪽 방향으로만 가능하게 한다.

22 제어밸브의 기능
- 압력 제어 밸브 : 일의 크기 결정
- 유량 제어 밸브 : 일의 속도 결정
- 방향 제어 밸브 : 일의 방향 결정

23 등록신청은 시·도지사에게 취득한 날로부터 2개월 이내 등록신청을 한다.

26 1종 대형면허로 조종할 수 있는 건설기계 : 덤프트럭, 아스팔트 살포기, 노상안정기, 콘크리트 믹서 트럭, 콘크리트 펌프, 트럭적재식 천공기

27 플러싱(Flushing)이란 유압계통의 오일장치 내에 슬러지 등이 생겼을 때 이것을 용해하여 장치 내를 깨끗이 하는 작업이다.

31 신호등이 없는 교차로에서는 먼저 진입한 차량에 우선권이 있다.

32 안전의 3요소에는 관리적 요소, 기술적 요소, 교육적 요소가 있다.

33 유압회로의 압력은 유압 펌프와 제어 밸브 사이에서 점검한다.

34 용접봉 홀더를 물에 넣어 냉각시켜서는 안 된다.

35 어큐뮬레이터(Accumulator, 축압기)는 유압 펌프에서 발생한 유압을 저장하고(유압에너지 저장), 충격 흡수 및 맥동을 소멸시키는 장치이다.

37 쿠션기구는 유압 실린더에서 피스톤 행정이 끝날 때 발생하는 충격을 흡수하기 위해 설치하는 장치이다.

39 숫돌과 받침대 간격은 2~3mm 이하로 한다.

41 안전수칙은 근로자가 안전하게 작업을 할 수 있는 세부작업 행동지침이다.

42 엔진 가동을 정지한 후에 가속 레버는 저속으로 내려놓는다.

44 암석을 옮길 때는 버킷으로 밀어내도록 한다.

45 토크 컨버터에서 스테이터는 오일의 방향을 바꾸어 회전력을 증대시킨다.

46 트랙 슈의 종류에는 단일 돌기 슈, 2중 돌기 슈, 3중 돌기 슈, 습지용 슈, 고무 슈, 암반용 슈, 평활 슈 등이 있다.

47 애자는 철탑의 완금(Arm)에 고정시키고 전기적으로 절연하기 위하여 사용한다.

48 피벗 턴(Pivot turn) : 한 쪽 주행 레버만 밀거나 당겨서 한 쪽 트랙만 전·후진시켜 조향을 하는 방법이다.

50 주행방향이 틀려지는 이유는 트랙의 균형(정렬) 불량, 센터 조인트 작동 불량, 유압계통의 불량, 지면의 불규칙 등이다.

51 진공 제동 배력장치(하이드로 백)는 흡기 다기관 진공과 대기압과의 차이를 이용한 것이므로 배력장치에 고장이 발생하여도 일반적인 유압 브레이크로 작동할 수 있도록 하고 있다.

53 변속기는 기관을 시동할 때 무부하 상태로 하고, 회전력을 증가시키며, 역전(후진)을 가능하게 한다.

54 굴착기로 작업을 할 때에는 후진시키면서 한다.

56 워터 펌프(Water pump)는 라디에이터 내의 냉각수를 흡인하여 실린더 헤드와 블록의 물재 킷으로 보낸다.

57 히트 세퍼레이션(Heat separation)이란 고속으로 주행할 때 열에 의해 타이어의 고무나 코드가 용해 및 분리되어 터지는 현상이다.

58 브레이커는 정(Chisel)의 머리 부분에 유압방식 왕복해머로 연속적으로 타격을 가해 암석, 콘크리트 등을 파쇄하는 작업장치이다.

59 연천인율 = (재해자 수/평균 근로자 수)×1,000

60 **버킷 투스의 종류**
  • 샤프형 : 점토, 석탄 등의 굴착 및 적재 작업에 사용한다.
  • 로크형 : 암석, 자갈 등의 굴착 및 적재 작업에 사용한다.

정답

1	③	2	①	3	④	4	②	5	③	6	①	7	④	8	②	9	④	10	②
11	④	12	①	13	①	14	③	15	②	16	②	17	①	18	③	19	④	20	②
21	④	22	③	23	①	24	④	25	④	26	④	27	①	28	③	29	②	30	③
31	④	32	①	33	①	34	④	35	④	36	①	37	①	38	③	39	①	40	②
41	①	42	④	43	②	44	③	45	③	46	①	47	②	48	③	49	④	50	④
51	②	52	③	53	④	54	②	55	④	56	④	57	③	58	②	59	④	60	③

해설

1 전도란, 사람이 평면상으로 넘어졌을 때(미끄러짐 포함)를 말한다.

2 작업장치 연결부(작동부)의 니플에는 그리스를 주유한다.

3 **차마의 통행 우선 순위** : 긴급자동차 → 긴급자동차 외의 자동차 → 원동기장치자전거 → 자동차 및 원동기장치자전거 외의 차마

4 트레일러로 굴착기를 운반할 때 작업장치를 반드시 뒤쪽으로 한다.

5 피스톤의 행정이란 상사점과 하사점까지의 거리이다.

6 암석을 옮길 때는 버킷으로 밀어내도록 한다.

7 **작업 후 탱크에 연료를 가득 채워주는 이유**
• 연료의 기포 방지를 위해
• 내일의 작업을 위해
• 연료 탱크에 수분이 생기는 것을 방지하기 위해

8 축전지의 용량만을 크게 하려면 병렬로 연결([+]와 [+], [−]와 [−]의 연결)하여야 한다.

9 굴삭 작업에 직접 관계되는 것은 암(스틱) 제어 레버, 붐 제어 레버, 버킷 제어 레버 등이다.

10 일체식 실린더는 강성 및 강도가 크고 냉각수 누출 우려가 적으며, 부품 수가 적고 중량이 가볍다.

11 굴착기 버킷 용량은 m³로 표시한다.

14 오거는 전신주나 기둥 또는 파이프 등을 세우기 위하여 구덩이를 뚫을 때 사용하는 작업장치이다.

15 겨울에는 점도가 낮은 오일을, 여름에는 점도가 높은 오일을 사용한다.

17 **디젤기관 노킹 발생의 원인**
• 연료의 세탄가, 연료의 분사압력, 연소실의 온도가 낮을 때
• 착화 지연 기간이 길 때
• 분사 노즐의 분무상태가 불량할 때
• 기관이 과냉되었을 때
• 착화 지연 기간 중 연료 분사량이 많을 때

18 안전기준을 초과하여 운행할 수 있도록 허가하는 사항은 적재중량, 승차인원, 적재용량이다.

19 스테이터 코일(Stator coil)에 발생한 교류는 실리콘 다이오드에 의해 직류로 정류시킨 뒤에

외부로 끌어낸다.

20 플래셔 유닛(Flasher unit)은 방향지시등 전구에 흐르는 전류를 일정한 주기로 단속·점멸하여 램프의 광도를 증감시키는 부품이다.

21 비가 내려 노면이 젖어 있을 때에는 최고 속도의 100분의 20을 줄인 속도로 운행하여야 한다.

22 미터 인 회로는 액추에이터의 입구 쪽 관로에 설치한 유량 제어 밸브로 흐름을 제어하여 속도를 제어한다.

24 진로 변경 제한선은 백색 실선이며 진로 변경을 할 수 없다.

25 정기검사 신청기간 만료일로부터 30일 이내인 때의 과태료는 2만원이다.

27 건설기계를 도난당한 경우에는 도난당한 날부터 2개월 이내에 등록말소를 신청하여야 한다.

29 스트레이너(Strainer)는 유압 펌프의 흡입관에 설치하는 여과기이다.

30 **임시운행 허가 사유**
- 등록신청을 하기 위하여 건설기계를 등록지로 운행하는 경우
- 신규 등록검사 및 확인검사를 받기 위하여 건설기계를 검사장소로 운행하는 경우
- 수출을 하기 위하여 건설기계를 선적지로 운행하는 경우
- 신개발 건설기계를 시험·연구의 목적으로 운행하는 경우
- 판매 또는 전시를 위하여 건설기계를 일시적으로 운행하는 경우

32 캐비테이션 현상은 공동현상이라고도 하며 이 현상이 발생하면 소음과 진동이 발생하고 양정과 효율이 저하된다.

33 건설기계란 건설공사에 사용할 수 있는 기계로서 대통령령이 정하는 것을 말한다.

34 무부하 밸브(Unloader valve)는 고압 소용량, 저압 대용량 펌프를 조합운전할 때 작동 압력이 규정 압력 이상으로 상승 시 동력 절감을 하기 위해 사용한다.

36 피스톤 펌프는 맥동적 토출을 하지만 다른 펌프에 비해 일반적으로 최고압 토출이 가능하고 펌프 효율에서도 전압력 범위가 높다.

37 유압 실린더의 과도한 자연낙하 현상은 작동압력이 낮을 때, 실린더 내의 피스톤 실링이 마모되었을 때, 컨트롤 밸브 스풀이 마모되었을 때, 릴리프 밸브의 조정이 불량할 때 발생한다.

39 체크 밸브는 역류를 방지하고 회로 내의 잔류 압력을 유지한다.

40 무한궤도식 굴착기는 상부롤러 중심선 이상이 물에 잠기지 않도록 주의하면서 도하한다.

42 **유압유의 구비조건**
- 압축성, 밀도, 열팽창 계수가 작을 것
- 체적탄성 계수가 클 것
- 점도지수가 높을 것
- 인화점 및 발화점이 높을 것

43 액슬 허브 오일을 교환할 때 오일을 배출시킬 경우에는 플러그를 6시 방향에, 주입할 때는 플러그 방향을 9시에 위치시킨다.

44 **사고 예방 원리 5단계 순서** : 조직 → 사실의 발견 → 평가 분석 → 시정책의 선정 → 시정책의 적용

45 드래그 라인은 긁어 파기 작업을 할 때 사용하는 기중기의 작업장치이다.

47 무한궤도식은 접지면적이 크고 접지압력이 작아 사지나 습지와 같이 위험한 지역에서 작업이 가능하다.

48 **배관의 표면색**
- 저압 : 황색
- 중압 이상 : 적색

49 **크롤러형 굴착기 하부추진체의 동력전달 순서 :** 기관 → 유압 펌프 → 컨트롤 밸브 → 센터 조인트 → 주행 모터 → 트랙

51 조향장치는 선회할 때 회전반경이 적어야 한다.

52 자재이음은 타이어형 건설기계에서 추진축의 각도 변화를 가능하게 해주는 동력전달장치의 부품이다.

54 트랙의 유격은 일반적으로 25~40mm이다.

55 클러치판은 변속기 입력축의 스플라인에 끼워진다.

56 **버킷 투스(포인트)의 사용 및 정비 방법**
- 샤프형은 점토, 석탄 등을 잘라낼 때 사용한다.
- 로크형은 암석, 자갈 등의 굴착 및 적재 작업에 사용한다.
- 투스를 버킷에 고정하는 핀과 고무 등은 교환한다.
- 마모상태에 따라 안쪽과 바깥쪽의 포인트를 바꿔 끼워가며 사용한다.

58 베이퍼 록(Vapor lock)은 브레이크 오일이 비등하여 송유압력의 전달 작용이 불가능하게 되는 현상이다.

정답

1	②	2	④	3	①	4	②	5	④	6	②	7	③	8	②	9	③	10	③
11	③	12	②	13	②	14	④	15	④	16	④	17	①	18	④	19	②	20	②
21	①	22	①	23	③	24	①	25	④	26	④	27	③	28	②	29	③	30	②
31	④	32	③	33	②	34	③	35	②	36	②	37	④	38	③	39	③	40	②
41	②	42	④	43	③	44	①	45	④	46	④	47	②	48	①	49	②	50	②
51	①	52	④	53	③	54	③	55	②	56	①	57	④	58	③	59	②	60	①

해설

1 전부장치가 부착된 굴착기를 트레일러로 수송할 때 붐은 뒤 방향으로 향하도록 한다.

2 거버너(Governor, 조속기)는 분사 펌프에 설치되어 있으며, 기관의 부하에 따라 자동적으로 연료 분사량을 가감하여 최고 회전속도를 제어한다.

3 4행정 사이클 기관에 주로 사용하는 오일 펌프는 로터리 펌프와 기어 펌프이다.

4 버킷 투스의 끝이 암(디퍼스틱)보다 바깥쪽으로 향해야 한다.

5 분사 노즐은 분사 펌프에 보내준 고압의 연료를 연소실에 안개 모양으로 분사하는 부품이다.

6 절토 작업을 할 때에는 상하부 동시작업을 해서는 안 된다.

7 혼합비가 희박하면 기관 시동이 어렵고, 저속 운전이 불량해지며, 연소속도가 느려 기관의 출력이 저하한다.

9 암석을 옮길 때는 버킷으로 밀어내도록 한다.

10 12V 80A 축전지 2개를 직렬로 연결하면 24V 80A가 된다.

11 직접분사실식은 디젤기관의 연소실 중 연료 소비율이 낮으며 연소압력이 가장 높다.

12 예열장치는 한랭한 상태에서 기관을 시동할 때 시동을 원활히 하기 위해 사용한다.

13 축전지 커버와 케이스의 표면에서 전기누설이 발생하면 자기방전 된다.

14 안내표지는 녹색바탕에 백색으로 안내대상을 지시하는 표지판이다.

15 굴착공사자는 매설 배관 위치를 매설 배관 직상부의 지면에 황색페인트로 표시할 것

16 스트레이너(Strainer)는 유압 펌프의 흡입관에 설치하는 여과기이다.

17 유압 모터는 넓은 범위의 무단변속이 용이한 장점이 있다.

18 지게차의 건설기계 범위는 타이어식으로 들어올림 장치와 조종석을 가진 것. 다만, 전동식으로 솔리드 타이어를 부착한 것 중 도로가 아닌 장소에서만 운행하는 것은 제외한다.

19 통고 처분의 수령을 거부하거나 범칙금을 기간 안에 납부하지 못한 자는 즉결 심판에 회부된다.

21 작동유의 수분 함유 여부를 판정하기 위해서는 가열한 철판 위에 오일을 떨어뜨려 본다.

22 오일이 누설되면 실(Seal)의 파손, 실(Seal)의 마모, 볼트의 이완 등을 점검한다.

24 **출장검사를 받을 수 있는 경우**
  • 도서지역에 있는 경우
  • 자체 중량이 40ton 이상 또는 축중이 10ton 이상인 경우
  • 너비가 2.5m 이상인 경우
  • 최고 속도가 시간당 35km 미만인 경우

25 정기검사 신청을 받은 검사대행자는 5일 이내에 검사일시 및 장소를 신청인에게 통지하여야 한다.

26 **클러치의 구비조건**
  • 회전부분의 관성력이 작을 것
  • 동력전달이 확실하고 신속할 것
  • 방열이 잘되어 과열되지 않을 것
  • 회전부분의 평형이 좋을 것
  • 단속 작용이 확실하며 조작이 쉬울 것

28 리듀싱(감압) 밸브는 회로 일부의 압력을 릴리프 밸브의 설정 압력(메인 유압) 이하로 하고 싶을 때 사용한다.

29 베인 펌프는 소형, 경량이며, 구조가 간단하고 성능이 좋고, 맥동과 소음이 적다.

31 브레이커는 아스팔트, 콘크리트, 바위 등을 깰 때 사용하는 작업장치이다.

32 작동유가 넓은 온도 범위에서 사용되기 위해서는 점도지수가 높아야 한다.

34 유압식 굴착기는 주행동력을 유압 모터(주행 모터)로부터 공급받는다.

35 아세틸렌 용접장치의 방호장치는 안전기이다.

37 캐리어 롤러(상부롤러)는 트랙 프레임 위에 한쪽만 지지하거나 양쪽을 지지하는 브래킷에 1~2개가 설치되어 프런트 아이들러와 스프로킷 사이에서 트랙이 처지는 것을 방지하는 동시에 트랙의 회전위치를 정확하게 유지한다.

39 센터 조인트(Center joint)는 상부회전체의 회전중심부에 설치되어 있으며, 메인 펌프의 유압유를 주행 모터로 전달한다. 또 상부회전체가 회전하더라도 호스, 파이프 등이 꼬이지 않고 원활히 공급한다.

40 자재 이음(유니버설 조인트)은 추진축의 각도 변화를 가능하게 하는 이음이다.

42 정비명령 기간은 31일 이내이다.

44 **동력전달 순서** : 유압 펌프 → 제어 밸브 → 센터 조인트 → 주행 모터

45 건설기계 사업의 종류에는 매매업, 대여업, 해체재활용법, 정비업이 있다.

46 트랙형 굴착기의 주행장치에 브레이크가 없는 이유는 주행 제어 레버를 중립으로 하면 주행 모터의 유압유 공급 쪽과 복귀 쪽 회로가 차단되기 때문이다.

49 경사지에서 작업할 때 측면절삭을 해서는 안 된다.

52 **유압 실린더의 종류** : 단동 실린더, 복동 실린더(싱글로드형과 더블로드형), 다단 실린더, 램형 실린더

53 길고 급한 경사 길을 운전할 때 반 브레이크를 사용하면 라이닝에서는 페이드가 발생하고, 파이프에서는 베이퍼 록이 발생한다.

55 암석, 토사 등을 평탄하게 고를 때, 선회관성을 이용하면 스윙 모터에 과부하가 걸리기 쉽다.

56 속도 제어 회로에는 미터 인(Meter in) 회로, 미터 아웃(Meter out) 회로, 블리드 오프(Bleed off) 회로가 있다.

57 한국전력에서 사용하는 송전선로 종류에는 154kV, 345kV, 765kV가 있다.

58 무한궤도식 굴착기의 상부회전체가 하부주행체에 대한 역위치에 있을 때 좌측 주행레버를 당기면 차체는 좌향 피벗 회전을 한다.

59 굴착기로 작업할 때 작업 반경을 초과해서 하중을 이동시켜서는 안 된다.

60 플래셔 유닛이 고장나면 모든 방향지시등이 점멸되지 못한다.

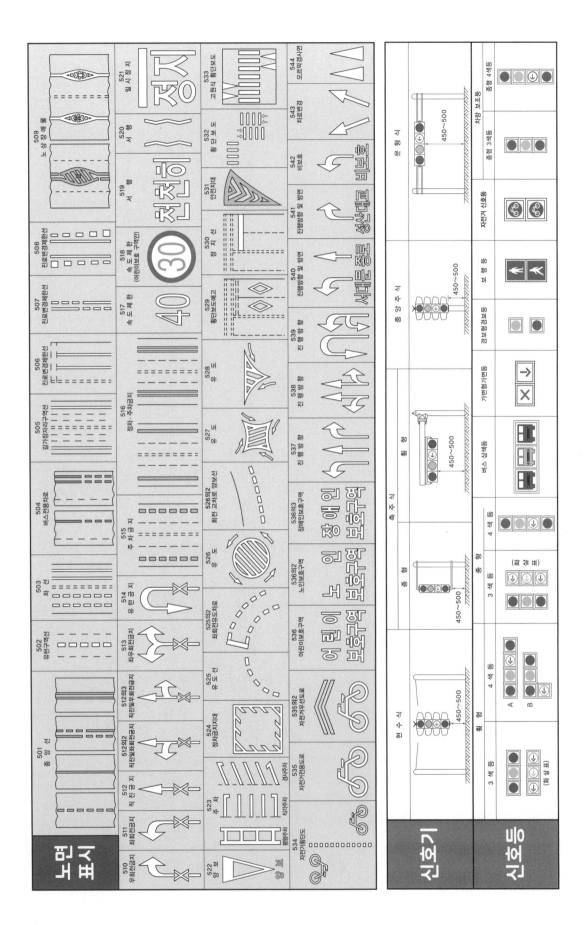

001 굴착기의 작업 안전사항으로 적합하지 <u>않은</u> 것은?

① 스윙하면서 버킷으로 암석을 부딪쳐 파쇄하는 작업을 하지 않는다.

② 안전한 작업 반경을 초과해서 하중을 이동시킨다.

③ 굴삭하면서 주행하지 않는다.

④ 작업을 중지할 때는 파낸 모서리로부터 굴착기를 이동시킨다.

002 도로교통법에서 안전지대의 정의에 관한 설명으로 옳은 것은?

① 버스정류장 표지가 있는 장소

② 자동차가 주차할 수 있도록 설치된 장소

③ 도로를 횡단하는 보행자나 통행하는 차마의 안전을 위하여 안전표지 등으로 표시된 도로의 부분

④ 사고가 잦은 장소에 보행자의 안전을 위하여 설치한 장소

003 엔진이 시동된 후에는 피니언이 공회전하여 링 기어에 의해 엔진의 회전력이 기동전동기에 전달되지 않도록 하는 장치는?

① 피니언

② 전기자

③ 오버 러닝 클러치

④ 정류자

004 무한궤도식 굴착기의 주행 방법 중 <u>잘못</u>된 것은?

① 가능하면 평탄한 길을 택하여 주행한다.

② 요철이 심한 곳에서는 엔진 회전수를 높여 통과한다.

③ 돌이 주행모터에 부딪치지 않도록 한다.

④ 연약한 땅을 피해서 간다.

005 건설기계 등록신청에 대한 설명으로 옳은 것은?

① 시·군·구청장에게 취득한 날로부터 10일 이내 등록신청을 한다.

② 시·도지사에게 취득한 날로부터 15일 이내 등록신청을 한다.

③ 시·군·구청장에게 취득한 날로부터 1개월 이내 등록신청을 한다.

④ 시·도지사에게 취득한 날로부터 2개월 이내 등록신청을 한다.

006 디젤기관에서 노킹의 원인이 <u>아닌</u> 것은?

① 연료의 세탄가가 높다.

② 연료의 분사압력이 낮다.

③ 연소실의 온도가 낮다.

④ 착화 지연 시간이 길다.

007 도로교통법상 주차 금지 장소가 <u>아닌</u> 것은?

① 상가 앞 도로의 5m 이내의 지점

② 주차금지 표지가 설치된 곳

③ 소방용 방화물통으로부터 5m 이내의 지점

④ 화재경보기로부터 3m 이내의 지점

008 무한궤도식 굴착기에서 하부주행체 동력 전달 순서로 옳은 것은?

① 유압 펌프 → 제어 밸브 → 센터 조인트 → 주행 모터

② 유압 펌프 → 제어 밸브 → 주행 모터 → 자재 이음

③ 유압 펌프 → 센터 조인트 → 제어 밸브 → 주행 모터

④ 유압 펌프 → 센터 조인트 → 주행 모터 → 자재 이음

009 무한궤도식 굴착기의 상부회전체가 하부 주행체에 대한 역위치에 있을 때 좌측 주행 레버를 당기면 차체가 어떻게 회전되는가?

① 좌향 스핀 회전

② 우향 스핀 회전

③ 좌향 피벗 회전

④ 우향 피벗 회전

010 교류발전기 다이오드의 냉각장치로 옳은 것은?

① 냉각 팬

② 냉각 튜브

③ 히트 싱크

④ 엔드 프레임에 설치된 오일장치

011 도로에서 위험을 방지하고 교통의 안전과 원활한 소통을 확보하기 위하여 필요하다고 인정하는 때에 구역 또는 구간을 지정하여 자동차의 속도를 제한할 수 있는 자는?(단, 고속도로를 제외한 도로)

① 지방경찰청장 ② 경찰서장

③ 구청장 ④ 시·도지사

012 교통정리가 행하여지지 않는 교차로에서 통행의 우선권이 가장 큰 차량은?

① 이미 교차로에 진입하여 좌회전하고 있는 차량이다.

② 좌회전하려는 차량이다.

③ 우회전하려는 차량이다.

④ 직진하려는 차량이다.

013 술에 취한 상태의 기준은 혈중 알코올 농도가 최소 몇 % 이상인 경우인가?

① 0.25% ② 0.05%

③ 1.25% ④ 1.50%

＊2019. 6. 25 이후 0.03% 이상으로 측정기준 강화

014 유압장치 중에서 회전운동을 하는 것은?

① 급속 배기 밸브

② 유압 모터

③ 하이드로릭 실린더

④ 복동 실린더

015 어큐뮬레이터(축압기)의 용도에 해당하지 않는 것은?

① 오일 누설 억제

② 회로 내의 압력 보상

③ 충격압력의 흡수

④ 유압 펌프의 맥동 감소

016 굴착기에서 점토, 석탄 등의 굴착 작업에 사용하며, 절입 성능이 좋은 버킷 투스는?

① 로크형(Lock type)

② 롤러형(Roller type)

③ 샤프형(Sharp type)

④ 슈형(Shoe type)

017 유압 굴착기의 시동 전에 이뤄져야 하는 외관 점검 사항이 아닌 것은?

① 고압호스 및 파이프 연결부 손상 여부

② 각종 오일의 누유 여부

③ 각종 볼트, 너트의 체결 상태

④ 유압유 탱크 필터의 오염 상태

018 하인리히가 말한 안전의 3요소에 속하지 않는 것은?

① 교육적 요소 ② 자본적 요소

③ 기술적 요소 ④ 관리적 요소

019 굴착기 운전 중 주의사항으로 가장 거리가 먼 것은?

① 기관을 필요 이상 공회전시키지 않는다.
② 급가속, 급브레이크는 굴착기에 악영향을 주므로 피한다.
③ 커브 주행은 커브에 도달하기 전에 속력을 줄이고, 주의하여 주행한다.
④ 주행 중 이상소음, 이상냄새 등을 느낀 경우에는 작업 후 점검한다.

020 유압 실린더의 지지방식에 속하지 <u>않는</u> 것은?

① 풋형
② 플랜지형
③ 유니언형
④ 트러니언형

021 인력 운반 작업의 재해 중 취급하는 중량물과 지면, 건축물 등에 끼여 발생하는 재해는?

① 요추 염좌
② 충돌
③ 낙하
④ 협착(압상)

022 크롤러형 굴착기가 주행 중 주행방향이 틀려지고 있을 때 그 원인과 가장 관계가 <u>적은</u> 것은?

① 트랙의 균형이 맞지 않았을 때
② 유압계통에 이상이 있을 때
③ 트랙 슈가 약간 마모되었을 때
④ 지면이 불규칙할 때

023 사고의 직접원인으로 가장 옳은 것은?

① 사회적 환경요인
② 불안전한 행동 및 상태
③ 유전적인 요소
④ 성격 결함

024 토사 굴토 작업, 굴착 작업, 도랑파기 작업, 쌓기, 깎기, 되메우기, 토사 상차 작업에 사용하는 건설기계로 옳은 것은?

① 롤러
② 천공기
③ 지게차
④ 굴착기

025 화재를 분류하는 표시 중 유류화재를 나타내는 것은?

① A급
② B급
③ C급
④ D급

026 유류 화재 시 소화기 이외의 소화재료로 가장 적당한 것은?

① 모래
② 시멘트
③ 진흙
④ 물

027 해머 작업에 대한 내용으로 <u>잘못된</u> 것은?

① 녹슨 재료 사용 시 보안경을 착용한다.
② 보안경 헤드 밴드 불량 시 교체하여 사용한다.
③ 작업자가 서로 마주보고 타격한다.
④ 처음에는 작게 휘두르고 차차 크게 휘두른다.

028 굴착기 작업 중 운전자 하차 시 주의사항으로 틀린 것은?

① 엔진 가동 정지 후 가속레버를 최대로 당겨 놓는다.
② 타이어식인 경우 경사지에서 정차 시 고임목을 설치한다.
③ 버킷을 땅에 완전히 내린다.
④ 엔진을 정지시킨다.

029 타이어식 굴착기 주행 중 발생할 수 있는 히트 세퍼레이션 현상에 대한 설명으로 맞는 것은?

① 물에 젖은 노면을 고속으로 달리면 타이어와 노면 사이에 수막이 생기는 현상

② 고속으로 주행 중 타이어가 터져버리는 현상

③ 고속 주행 시 차체가 좌·우로 밀리는 현상

④ 고속 주행할 때 타이어 공기압이 낮아져 타이어가 찌그러지는 현상

030 굴착기의 주행 형식별 분류에서 접지면적이 크고 접지압력이 작아 사지나 습지와 같이 위험한 지역에서 작업이 가능한 형식으로 적당한 것은?

① 트럭 탑재식　② 무한궤도식

③ 반 정치식　④ 타이어식

031 전부장치가 부착된 굴착기를 트레일러로 수송할 때 붐이 향하는 방향으로 가장 적합한 것은?

① 앞 방향　② 뒤 방향

③ 좌측 방향　④ 우측 방향

032 무한궤도식 굴착기 좌·우 트랙에 각각 한 개씩 설치되어 있으며 센터 조인트로부터 유압을 받아 조향기능을 하는 구성품은?

① 주행 모터

② 드래그 링크

③ 조향기어 박스

④ 동력조향 실린더

033 굴착기의 3대 주요 구성요소로 옳은 것은?

① 상부회전체, 하부회전체, 중간회전체

② 작업장치, 하부추진체, 중간선회체

③ 작업장치, 상부회전체, 하부추진체

④ 상부조정장치, 하부회전장치, 중간 동력장치

034 건설기계 조종 중에 과실로 1명에게 중상을 입힌 때 건설기계를 조종한 자에 대한 면허의 처분 기준은?

① 면허효력정지 60일

② 면허효력정지 15일

③ 면허효력정지 30일

④ 면허 취소

035 타이어식 굴착기에서 유압식 동력전달장치 중 변속기를 직접 구동시키는 것은?

① 선회 모터　② 주행 모터

③ 토크 컨버터　④ 엔진

036 유압 모터를 이용한 스크루로 구멍을 뚫고 전신주 등을 박는 작업에 사용되는 굴착기 작업장치는?

① 그래플(Grapple)

② 브레이커(Breaker)

③ 오거(Auger)

④ 리퍼(Ripper)

037 4행정 사이클 기관에서 크랭크축 기어와 캠축 기어와의 지름비 및 회전비는 각각 얼마인가?

① 1:2 및 2:1　② 1:2 및 1:2

③ 2:1 및 1:2　④ 2:1 및 2:1

038 과급기(Turbo charge)에 대한 설명 중 옳은 것은?

① 피스톤의 흡입력에 의해 임펠러가 회전한다.

② 연료 분사량을 증대시킨다.

③ 가솔린 기관에만 설치된다.

④ 실린더 내의 흡입효율을 증대시킨다.

039 굴착기의 기본 작업 사이클 과정으로 옳은 것은?

① 선회 → 굴착 → 적재 → 선회 → 굴착 → 붐 상승

② 선회 → 적재 → 굴착 → 적재 → 붐 상승 → 선회

③ 굴착 → 적재 → 붐 상승 → 선회 → 굴착 → 선회

④ 굴착 → 붐 상승 → 스윙 → 적재 → 스윙 → 굴착

040 디젤기관의 흡입 및 배기 밸브의 구비조건이 아닌 것은?

① 열전도율이 좋을 것

② 열에 대한 팽창률이 적을 것

③ 열에 대한 저항력이 낮을 것

④ 가스와 고온에 잘 견딜 것

041 무한궤도형 굴착기에는 유압 모터가 몇 개 설치되어 있는가?

① 1개   ② 2개

③ 3개   ④ 5개

042 냉각장치에서 밀봉압력식 라디에이터 캡을 사용하는 목적은?

① 엔진온도를 높일 때

② 엔진온도를 낮출 때

③ 압력밸브가 고장일 때

④ 냉각수의 비등점을 높일 때

043 굴착기 붐(Boom)은 무엇에 의하여 상부 회전체에 연결되어 있는가?

① 테이퍼 핀(Taper pin)

② 풋 핀(Foot pin)

③ 킹 핀(King pin)

④ 코터 핀(Cotter pin)

044 철길 건널목 통과 방법으로 틀린 것은?

① 경보기가 울리고 있는 동안에는 통과하여서는 아니 된다.

② 철길 건널목에서 앞차가 서행하면서 통과할 때에는 그 차를 따라 서행한다.

③ 차단기가 내려지려고 할 때에는 통과하여서는 아니 된다.

④ 철길 건널목 앞에서 일시정지하여 안전한지 여부를 확인한 후 통과한다.

045 최고 속도 15km/h 미만 타이어식 건설기계에 갖추지 않아도 되는 조명장치는?

① 후부반사기   ② 전조등

③ 번호등   ④ 제동등

046 자동차 제1종 대형면허로 운전할 수 없는 건설기계는?

① 덤프트럭

② 트럭적재식 천공기

③ 아스팔트 살포기

④ 콘크리트 피니셔

047 건설기계관리법에서 정의한 건설기계 형식을 가장 잘 나타낸 것은?

① 엔진구조 및 성능을 말한다.

② 형식 및 규격을 말한다.

③ 성능 및 용량을 말한다.

④ 구조·규격 및 성능 등에 관하여 일정하게 정한 것을 말한다.

048 금속 사이의 마찰을 방지하기 위한 방안으로 마찰계수를 저하시키기 위하여 사용하는 첨가제는?

① 방청제
② 유성 향상제
③ 점도지수 향상제
④ 유동점 강하제

049 현장에서 오일의 오염도 판정 방법 중 가열한 철판 위에 오일을 떨어뜨리는 방법은 오일의 무엇을 판정하기 위한 것인가?

① 산성도
② 수분 함유
③ 오일의 열화
④ 먼지나 이물질의 함유

050 굴착기에서 작업장치의 동력전달 순서로 옳은 것은?

① 엔진 → 제어 밸브 → 유압 펌프 → 유압 실린더
② 유압 펌프 → 엔진 → 제어 밸브 → 유압 실린더
③ 유압 펌프 → 엔진 → 유압 실린더 → 제어 밸브
④ 엔진 → 유압 펌프 → 제어 밸브 → 유압 실린더

051 무한궤도식 굴착기의 부품이 아닌 것은?

① 유압 펌프
② 오일 냉각기
③ 자재 이음
④ 주행 모터

052 굴삭 작업 시 작업능력이 떨어지는 원인으로 옳은 것은?

① 트랙 슈에 주유가 안 됨
② 아워 미터 고장
③ 조향 핸들 유격 과다
④ 릴리프 밸브 조정 불량

053 굴착기의 조종 레버 중 굴삭 작업과 직접 관계가 없는 것은?

① 버킷 제어 레버
② 붐 제어 레버
③ 암(스틱) 제어 레버
④ 스윙 제어 레버

054 굴착기의 작업장치 연결부(작동부) 니플에 주유하는 것은?

① 그리스
② 엔진 오일
③ 기어오일
④ 유압유

055 굴착기 버킷 용량 표시로 옳은 것은?

① in^2
② yd^2
③ m^2
④ m^3

056 굴착기 작업장치의 핀 등에 그리스가 주유되었는지를 확인하는 방법으로 옳은 것은?

① 그리스 니플을 분해하여 확인한다.
② 그리스 니플을 깨끗이 청소한 후 확인한다.
③ 그리스 니플의 볼을 눌러 확인한다.
④ 그리스 주유 후 확인할 필요가 없다.

057 브레이크 오일이 비등하여 송유압력의 전달 작용이 불가능하게 되는 현상은?

① 페이드 현상
② 베이퍼 록 현상
③ 사이클링 현상
④ 브레이크 록 현상

058 트랙식 굴착기의 한 쪽 주행 레버만 조작하여 회전하는 것을 무엇이라 하는가?

① 피벗 회전
② 급회전
③ 스핀 회전
④ 원웨이 회전

059 엔진 오일의 여과방식이 <u>아닌</u> 것은?

① 샨트식   ② 전류식

③ 분류식   ④ 자력식

060 디젤기관의 부하에 따라 자동적으로 연료 분사량을 가감하여 최고 회전속도를 제어하는 것은?

① 플런저 펌프   ② 캠축

③ 거버너   ④ 타이머

061 유압장치 내에 국부적인 높은 압력과 소음·진동이 발생하는 현상은?

① 필터링   ② 오버 랩

③ 캐비테이션   ④ 하이드로 로킹

062 4행정 사이클 기관에서 많이 쓰이는 오일 펌프의 종류는?

① 로터리 펌프, 나사 펌프, 베인 펌프

② 로터리 펌프, 기어 펌프, 베인 펌프

③ 기어 펌프, 플런저 펌프, 나사 펌프

④ 플런저 펌프, 기어 펌프, 베인 펌프

063 공구 사용 시 주의해야 할 사항으로 <u>틀린</u> 것은?

① 주위환경에 주의해서 작업할 것

② 강한 충격을 가하지 않을 것

③ 해머 작업 시 보호안경을 쓸 것

④ 손이나 공구에 기름을 바른 다음 작업할 것

064 건설기계 사업에 해당되지 <u>않는</u> 것은?

① 건설기계 대여업

② 건설기계 매매업

③ 건설기계 재생업

④ 건설기계 정비업

065 최고 속도의 100분의 20을 줄인 속도로 운행하여야 할 경우는?

① 노면이 얼어붙은 때

② 폭우, 폭설, 안개 등으로 가시거리가 100미터 이내일 때

③ 눈이 20밀리미터 이상 쌓인 때

④ 비가 내려 노면이 젖어 있을 때

066 2개 이상의 분기회로에서 실린더나 모터의 작동순서를 결정하는 자동 제어 밸브는?

① 리듀싱 밸브

② 릴리프 밸브

③ 시퀀스 밸브

④ 파일럿 체크 밸브

067 굴착기 버킷 투스(포인트)의 사용 및 정비 방법으로 옳지 <u>않은</u> 것은?

① 로크형 투스는 암석, 자갈 등의 굴착 및 적재작업에 사용한다.

② 샤프형 투스는 점토, 석탄 등을 잘라낼 때 사용한다.

③ 핀과 고무 등은 가능한 한 그대로 사용한다.

④ 마모상태에 따라 안쪽과 바깥쪽의 투스를 바꿔 끼워가며 사용한다.

068 무한궤도식 굴착기의 장점으로 가장 거리가 먼 것은?

① 접지압력이 낮다.

② 노면 상태가 좋지 않은 장소에서 작업이 용이하다.

③ 운송수단 없이 장거리 이동이 가능하다.

④ 습지 및 사지에서 작업이 가능하다.

069 굴착기를 이용하여 수중 작업을 하거나 하천을 건널 때의 안전사항으로 맞지 <u>않</u>는 것은?

① 타이어식 굴착기는 액슬 중심점 이상이 물에 잠기지 않도록 주의하면서 도하한다.

② 무한궤도식 굴착기는 주행모터의 중심선 이상이 물에 잠기지 않도록 주의하면서 도하한다.

③ 타이어식 굴착기는 블레이드를 앞쪽으로 하고 도하한다.

④ 수중 작업 후에는 물에 잠겼던 부위에 새로운 그리스를 주입한다.

070 무한궤도식 굴착기로 주행 중 회전반경을 가장 적게 할 수 있는 방법은?

① 한 쪽 주행 모터만 구동시킨다.

② 구동하는 주행 모터 이외에 다른 모터의 조향 브레이크를 강하게 작동시킨다.

③ 2개의 주행 모터를 서로 반대 방향으로 동시에 구동시킨다.

④ 트랙의 폭이 좁은 것으로 교체한다.

071 건설기계조종사의 적성검사 기준으로 가장 거리가 먼 것은?

① 두 눈을 동시에 뜨고 잰 시력이 0.7 이상이고, 두 눈의 시력이 각각 0.3 이상일 것

② 시각은 150° 이상일 것

③ 언어분별력이 80% 이상일 것

④ 교정시력의 경우는 시력이 1.5 이상일 것

072 타이어형 굴착기의 주행 전 주의사항으로 <u>틀린</u> 것은?

① 버킷 실린더, 암 실린더를 충분히 늘려 펴서 버킷이 캐리어 상면 높이 위치에 있도록 한다.

② 버킷 레버, 암 레버, 붐 실린더 레버가 움직이지 않도록 잠가둔다.

③ 선회고정장치는 반드시 풀어 놓는다.

④ 굴착기에 그리스, 오일, 진흙 등이 묻어 있는지 점검한다.

073 무한궤도식 굴착기에서 주행 불량 현상의 원인이 <u>아닌</u> 것은?

① 트랙에 오일이 묻었을 때

② 스프로킷이 손상되었을 때

③ 한 쪽 주행 모터의 브레이크 작동이 불량할 때

④ 유압 펌프의 토출유량이 부족할 때

074 굴착기 작업 방법 중 틀린 것은?

① 버킷으로 옆으로 밀거나 스윙할 때의 충격력을 이용하지 말 것

② 하강하는 버킷이나 붐의 중력을 이용하여 굴착할 것

③ 굴착부분을 주의 깊게 관찰하면서 작업할 것

④ 과부하를 받으면 버킷을 지면에 내리고 모든 레버를 중립으로 할 것

075 굴착기로 작업할 때 주의사항으로 틀린 것은?

① 땅을 깊이 팔 때는 붐의 호스나 버킷 실린더의 호스가 지면에 닿지 않도록 한다.

② 암석, 토사 등을 평탄하게 고를 때는 선회관성을 이용하면 능률적이다.

③ 암 레버의 조작 시 잠깐 멈췄다가 움직이는 것은 유압 펌프의 토출유량이 부족하기 때문이다.

④ 작업 시는 유압 실린더의 행정 끝에서 약간 여유를 남기도록 운전한다.

076 트랙형 굴착기의 주행장치에 브레이크가 없는 이유는?

① 저속으로 주행하기 때문이다.

② 트랙과 지면의 마찰이 크기 때문이다.

③ 주행 제어 레버를 반대로 작용시키면 정지하기 때문이다.

④ 주행 제어 레버를 중립으로 하면 주행 모터의 작동유 공급 쪽과 복귀 쪽 회로가 차단되기 때문이다.

077 연료압력센서(RPS, Rail Pressure Sensor)에 관한 설명으로 옳지 않은 것은?

① 이 센서가 고장이 나면 기관의 시동이 꺼진다.

② 반도체 피에조 소자 방식이다.

③ RPS의 신호를 받아 연료분사량 조정신호로 사용한다.

④ RPS의 신호를 받아 분사시기 조정신호로 사용한다.

078 굴착기의 효과적인 굴착 작업이 아닌 것은?

① 붐과 암의 각도를 80~110° 정도로 선정한다.

② 버킷 투스의 끝이 암(디퍼스틱)보다 안쪽으로 향해야 한다.

③ 버킷은 의도한대로 위치하고 붐과 암을 계속 변화시키면서 굴착한다.

④ 굴착한 후 암(디퍼스틱)을 오므리면서 붐은 상승위치로 변화시켜 하역 위치로 스윙한다.

079 굴착기로 넓은 홈의 굴착 작업 시 알맞은 굴착순서는?

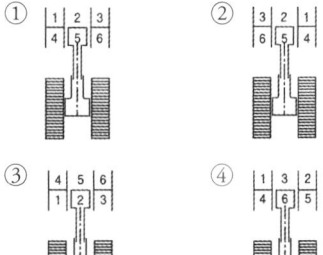
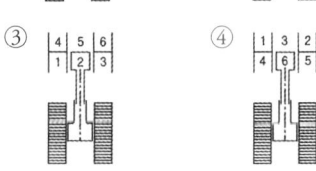
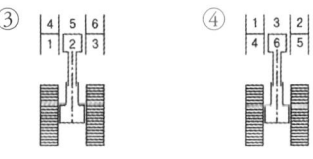

080 굴착기의 작업장치 중 아스팔트, 콘크리트 등을 깰 때 사용되는 것으로 가장 적합한 것은?

① 브레이커

② 파일 드라이브

③ 마그넷

④ 드롭 해머

081 커먼 레일 디젤기관에서 사용하는 공기 유량센서(AFS)의 방식은?

① 맵 센서 방식
② 베인 방식
③ 열막 방식
④ 칼만 와류 방식

082 굴착기 아워 미터(시간계)의 설치목적이 아닌 것은?

① 가동시간에 맞추어 예방 정비를 한다.
② 가동시간에 맞추어 오일을 교환한다.
③ 각 부위 주유를 정기적으로 하기 위해 설치되어 있다.
④ 하차 만료 시간을 체크하기 위하여 설치되어 있다.

083 타이어식 굴착기의 액슬 허브에 오일을 교환하고자 한다. 오일을 배출시킬 때와 주입할 때의 플러그 위치로 옳은 것은?

① 배출시킬 때 : 1시 방향,
　주입할 때 : 9시 방향
② 배출시킬 때 : 6시 방향,
　주입할 때 : 9시 방향
③ 배출시킬 때 : 3시 방향,
　주입할 때 : 9시 방향
④ 배출시킬 때 : 2시 방향,
　주입할 때 : 12시 방향

084 실린더 헤드와 블록 사이에 삽입하여 압축과 폭발가스의 기밀을 유지하고 냉각수와 엔진 오일이 누출되는 것을 방지하는 역할을 하는 것은?

① 헤드 워터 재킷
② 헤드 오일 통로
③ 헤드 개스킷
④ 헤드 볼트

085 유압 모터의 속도를 감속하는 데 사용하는 밸브는?

① 체크 밸브
② 디셀러레이션 밸브
③ 변환 밸브
④ 압력스위치

086 크롤러형 굴착기가 진흙에 빠져서 자력으로는 탈출이 거의 불가능하게 된 상태의 경우, 견인 방법으로 가장 적당한 것은?

① 버킷으로 지면을 걸고 나온다.
② 두 대의 굴착기 버킷을 서로 걸고 견인한다.
③ 전부장치로 잭업 시킨 후, 후진으로 밀면서 나온다.
④ 하부 기구 본체에 와이어 로프를 걸고 크레인으로 당길 때 굴착기는 주행 레버를 견인방향으로 밀면서 나온다.

087 유압 오일 실의 종류 중 O-링이 갖추어야 할 조건은?

① 작동 시 마모가 클 것
② 체결력(죄는 힘)이 작을 것
③ 탄성이 양호하고 압축변형이 적을 것
④ 오일 누설이 클 것

088 굴착기에서 그리스를 주입하지 않아도 되는 곳은?

① 버킷 핀　　　② 링키지
③ 트랙 슈　　　④ 선회 베어링

089 무한궤도식 굴착기의 환향은 무엇에 의하여 작동되는가?

① 주행 펌프　　② 스티어링 휠
③ 스로틀 레버　　④ 주행 모터

090 굴착기의 작업장치에 해당되지 <u>않는</u> 것은?

① 브레이커

② 파일 드라이브

③ 힌지드 버킷

④ 백호

091 유압회로에서 어떤 부분회로의 압력을 주회로의 압력보다 저압으로 해서 사용하고자 할 때 사용하는 밸브는?

① 릴리프 밸브

② 리듀싱 밸브

③ 카운터 밸런스 밸브

④ 체크 밸브

092 디젤 엔진의 시동을 멈추기 위한 방법으로 가장 적합한 것은?

① 연료 공급을 차단한다.

② 축전지에 연결된 전선을 끊는다.

③ 기어를 넣어서 기관을 정지시킨다.

④ 초크 밸브를 닫는다.

093 건설기계의 등록 전 임시운행 사유에 해당되지 <u>않는</u> 것은?

① 장비 구입 전 이상 유무를 확인하기 위해 1일간 예비운행을 하는 경우

② 등록신청을 하기 위하여 건설기계를 등록지로 운행하는 경우

③ 수출을 하기 위하여 건설기계를 선적지로 운행하는 경우

④ 신개발 건설기계를 시험·연구의 목적으로 운행하는 경우

094 주행 중 앞지르기 금지 장소가 <u>아닌</u> 곳은?

① 교차로

② 터널 안

③ 버스정류장 부근

④ 다리 위

095 유압장치에서 오일의 역류를 방지하기 위한 밸브는?

① 변환 밸브

② 압력 조절 밸브

③ 체크 밸브

④ 흡기 밸브

096 트랙의 슈의 종류가 <u>아닌</u> 것은?

① 2중 돌기 슈

② 3중 돌기 슈

③ 4중 돌기 슈

④ 고무 슈

097 진공식 제동 배력장치의 설명 중 옳은 것은?

① 진공 밸브가 새면 브레이크가 전혀 듣지 않는다.

② 릴레이 밸브의 다이어프램이 파손되면 브레이크는 듣지 않는다.

③ 릴레이 밸브 피스톤 컵이 파손되어도 브레이크는 듣는다.

④ 하이드로릭, 피스톤의 체크 볼이 밀착 불량이면 브레이크가 듣지 않는다.

098 굴착기 작업 시 진행방향으로 옳은 것은?

① 전진

② 후진

③ 선회

④ 우방향

099 유압유에 포함된 불순물을 제거하기 위해 유압 펌프 흡입관에 설치하는 것은?

① 부스터

② 스트레이너

③ 공기청정기

④ 어큐뮬레이터

100 굴착기에 연결할 수 없는 작업장치는 무엇인가?

① 어스 오거

② 셔블

③ 드래그 라인

④ 파일 드라이브

001 다음 그림과 같은 교통안전표지의 설명으로 옳은 것은?

① 좌합류 도로가 있음을 알리는 표지이다.
② 우합류 도로가 있음을 알리는 표지이다.
③ 좌로 굽은 도로가 있음을 알리는 표지이다.
④ 철길 건널목이 있음을 알리는 표지이다.

002 다음 그림과 같은 교통안전표지의 의미는?

① 회전형 교차로가 있음을 알리는 표지이다.
② 철길 건널목이 있음을 알리는 표지이다.
③ 좌합류 도로가 있음을 알리는 표지이다.
④ 좌로 계속 굽은 도로가 있음을 알리는 표지이다.

003 다음 그림과 같은 교통안전표지의 설명으로 옳은 것은?

① 우로 이중 굽은 도로의 표지이다.
② 좌우로 이중 굽은 도로의 표지이다.
③ 좌로 굽은 도로의 표지이다.
④ 회전형 교차로의 표지이다.

004 다음 그림과 같은 교통안전표지의 설명으로 옳은 것은?

① 좌로 일방통행 표지이다.
② 우로 일반통행 표지이다.
③ 진입 금지 표지이다.
④ 일단정지 표지이다.

005 다음 그림과 같은 교통안전표지의 설명으로 옳은 것은?

① 회전표지이다.
② 횡단 금지 표지이다.
③ 좌회전 표지이다.
④ 유턴 금지 표지이다.

006 다음 그림과 같은 교통안전표지의 의미는?

① 통행 금지　　② 교차로
③ 주·정차금지　　④ 앞지르기 금지

007 다음 그림과 같은 교통안전표지의 설명으로 옳은 것은?

① 차량 중량 제한 표지이다.
② 차량 높이 제한 표지이다.
③ 차량 적재량 제한 표지이다.
④ 차량 폭 제한 표지이다.

008 다음 그림과 같은 교통안전표지의 설명으로 옳은 것은?

① 좌우 3.5m 표지이다.
② 차량 높이 3.5m(제한) 표지이다.
③ 차간거리 3.5m 표지이다.
④ 3.5m 차량 전용도로 표지이다.

009 다음 그림의 교통안전표지는 무엇을 의미하는가?

① 최저 속도 제한
② 최고 속도 제한
③ 차간 거리 최저 50m
④ 차간 거리 최고 50m

010 다음 그림의 교통안전표지에 관한 설명으로 옳은 것은?

① 최고 시속 30km 속도제한 표지이다.
② 최저 시속 30km 속도제한 표지이다.
③ 최고 중량 제한 표지이다.
④ 차간 거리 최저 30m 제한 표지이다.

011 다음 그림과 같은 교통안전표지의 의미는?

① 양측방 일방통행
② 양측방 통행 금지
③ 좌우회전
④ 좌우회전 금지

012 차량이 남쪽에서부터 북쪽 방향으로 진행 중일 때, 그림의 「2방향 도로명표지」에 대한 설명으로 옳지 않은 것은?

① 차량을 좌회전하는 경우 불광역 쪽 '통일로'의 건물번호가 커진다.
② 차량을 좌회전하는 경우 불광역 쪽 '통일로'로 진입할 수 있다.
③ 차량을 우회전하는 경우 서울역 쪽 '통일로'로 진입할 수 있다.
④ 차량을 좌회전하는 경우 불광역 쪽 '통일로'의 건물번호가 작아진다.

013 차량이 남쪽에서부터 북쪽 방향으로 진행 중일 때, 그림의 「3방향 도로명 표지」에 대한 설명으로 옳지 않은 것은?

① 차량을 좌회전하는 경우 '중림로' 또는 '만리재로' 도로 구간의 끝 지점과 만날 수 있다.
② 차량을 직진하는 경우 '서소문공원' 방향으로 갈 수 있다.
③ 차량을 좌회전하는 경우 '중림로' 또는 '만리재로'로 진입할 수 있다.
④ 차량을 '중림로'로 좌회전하면 '충정로역' 방향으로 갈 수 있다.

014 다음 그림과 같은 안전 표지판이 의미하는 것은?

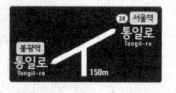

① 비상구
② 보안경 착용
③ 출입 금지
④ 인화성 물질경고

015 산업 안전·보건표지에서 다음 그림이 표시하는 것은?

① 보행 금지　　② 방사선 위험
③ 탑승 금지　　④ 비상구 없음

016 다음의 안전표지가 나타내는 것은?

① 탑승 금지　　② 사용 금지
③ 차량 통행 금지　④ 물체 이동 금지

017 안전·보건표지의 종류와 형태에서 다음의 안전표지판이 의미하는 것은?

① 보행 금지　　② 사용 금지
③ 출입 금지　　④ 작업 금지

018 다음 그림과 같은 표지가 의미하는 것은?

① 인화성물질 경고
② 화기 금지
③ 금연
④ 산화성물질 경고

019 다음 그림의 안전표지판이 의미하는 것은?

① 사용 금지　　② 탑승 금지
③ 물체 이동 금지　④ 보행 금지

020 다음 그림의 안전표지판이 의미하는 것은?

① 산화성물질 경고
② 급성 독성물질 경고
③ 폭발성물질 경고
④ 인화성물질 경고

021 다음 그림의 안전표지판이 의미하는 것은?

① 독극물 경고　　② 고압 전기 경고
③ 폭발물 경고　　④ 낙하물 경고

022 다음 그림의 안전표지판이 의미하는 것은?

① 매달린 물체 경고
② 폭발물 경고
③ 몸 균형 상실 경고
④ 방화성물질 경고

023 다음 그림의 안전표지판을 사용하는 장소는?

① 폭발성의 물질이 있는 장소
② 레이저 광선에 노출될 우려가 있는 장소
③ 방사능 물질이 있는 장소
④ 발전소나 고전압이 흐르는 장소

024 다음 그림과 같은 안전표지가 의미하는 것은?

① 경고표지　　② 금지표지
③ 지시표지　　④ 안내표지

025 다음 그림과 같은 안전표지가 의미하는 것은?

① 보안면 착용　　② 안전모 착용
③ 안전복 착용　　④ 출입 금지

026 다음 그림과 같은 안전표지가 의미하는 것은?

① 보행 금지
② 몸 균형 상실 경고
③ 방독 마스크 착용
④ 안전복 착용

027 다음 그림과 같은 안전표지판이 의미하는 것은?

① 녹십자　　② 비상구
③ 병원　　④ 안전지대

028 다음 그림과 같은 안전표지판이 의미하는 것은?

① 비상구　　② 응급구호
③ 안전제일　　④ 들것

029 다음 그림과 같은 안전표지판이 의미하는 것은?

① 인화성물질 경고
② 보안경 착용
③ 출입 금지
④ 비상구